U0336633

卫星导航时差测量技术

GNSS Time Offset Determination

陈俊平　张益泽　著

测绘出版社

·北京·

内 容 简 介

卫星导航系统(GNSS)以时间作为观测基准,通过测量发送、接收的时间差形成基本伪距、相位观测量。高精度的时间基准对于导航系统性能起着重要作用。

时差测量就是比对两个原子钟的时间,获取两个钟的差值。传统的时差测量方法为双向卫星时间频率传递,其价格高昂。随着卫星导航的飞速发展,也推动了时差测量手段的进步。本书论述了卫星导航在高精度时差测量中的应用,介绍了 GNSS 时差监测的分类、伪距时差测量、相位时差测量及多系统综合时差测量等技术。

图书在版编目(CIP)数据

卫星导航时差测量技术/陈俊平,张益泽著 . —北京:测绘出版社,2018. 1
ISBN 978-7-5030-4018-4

Ⅰ.①卫… Ⅱ.①陈… ②张… Ⅲ.①卫星导航—时差计量 Ⅳ.①TN967. 1

中国版本图书馆 CIP 数据核字(2016)第 306266 号

责任编辑　李　伟　　执行编辑　侯杨杨　　责任校对　赵　瑗　　责任印制　陈　超

出版发行	**测绘出版社**	电　　话	010 – 83543956(发行部)
地　　址	北京市西城区三里河路 50 号		010 – 68531609(门市部)
邮政编码	100045		010 – 68531363(编辑部)
电子信箱	smp@ sinomaps. com	网　　址	www. chinasmp. com
印　　刷	北京京华虎彩印刷有限公司	经　　销	新华书店
成品规格	169mm × 239mm	彩　　插	8
印　　张	8	字　　数	159 千字
版　　次	2018 年 1 月第 1 版	印　　次	2018 年 1 月第 1 次印刷
印　　数	001 – 800	定　　价	58.00 元

书　　号　ISBN 978-7-5030-4018-4
本书如有印装质量问题,请与我社门市部联系调换。

目　　录

Contents

第1章　绪　论

§1.1　卫星导航时间系统概述

自从 1967 年美国的海军导航卫星系统（Navy Navigation Satellite System）投入民用以来，全球卫星导航系统（global navigation satellite system, GNSS）以其全天候、全球性、实时性及高精度的优势，得到了飞速的发展。卫星导航系统是国家重要的信息基础设施，对国家安全和经济社会发展起着重要的支撑作用。因此，世界大国无不关心卫星导航系统的建设及其技术的发展。尤其是近几年，GNSS 四大供应商：美国的 GPS、俄罗斯的 GLONASS、欧盟的 Galileo 及中国的北斗卫星导航系统（BDS）都在不断推进系统的建设。至 2017 年 3 月，GPS 系统共有 32 颗卫星在轨服务，其中 Block IIR 卫星 12 颗，Block IIR-M 卫星 8 颗，Block IIF 卫星 12 颗。GLONASS系统目前共有 27 颗卫星在轨，其中 24 颗组网服务，另外 3 颗为备份及试验卫星。Galileo 系统也发射了试验卫星 GIOVE、在轨测试卫星 IOV 及正式组网卫星 FOV。2016 年 12 月 15 日，欧盟宣布 Galileo 系统开始初始服务，至2017 年 3 月，系统已经有 18 颗卫星在轨服务。我国的北斗卫星导航系统近几年也得到了快速发展，并于 2012 年底向我国及周边的区域提供正式服务，目前系统在轨有 6 颗地球静止轨道（GEO）卫星、6 颗倾斜地球同步轨道（IGSO）卫星、3 颗中圆地球轨道（MEO）卫星提供组网服务。此外，日本准天顶卫星系统（QZSS）的第一颗卫星也于2010 年9 月11 日发射成功，未来计划扩展成包含 7 颗卫星的区域导航系统。印度区域卫星导航系统（IRNSS）也于 2016 年 5 月完成了 7 颗卫星的组网运行。

卫星导航系统主要分为空间部分、控制部分及用户部分。其中空间部分主要由组网工作卫星星座组成，配备有信号发射机、高精度星载原子钟等设备用于发播观测信号、导航信号及卫星健康信息等各种系统信息。控制部分主要包括主控站、地面监测站等。它们的主要任务是：对卫星进行跟踪，收集观测数据，进行卫星轨道和钟差、电离层模型等参数的确定，将这些参数按照规定协议形成广播电文参数，通过主控站和监测站的星地链路向卫星上注。各个站上装备有高性能接收机和高精度原子钟用于形成系统服务所需的观测信息和进行高精度站间时间同步，并对导航系统的功能、性能、状态进行监视。用户部分主要由用户接收机和其他辅助设备组成，用户接收机利用观测到的卫星信号计算其所在的位置、速度、时间、大气参数，以及进行其他感兴趣的研究。

卫星导航系统以时间作为观测基准，通过测量发送、接收的时间差得到基本伪距、相位观测量。导航系统的时间基准由空间卫星搭载的高精度原子钟以及地面控制部分各站配备的原子钟共同确定,并通过卫星发播的卫星钟差信息向用户进行传递。高精度的时间基准对于导航系统性能起着重要作用,如果时间的测定哪怕只有百万分之一的误差,也会导致几百米甚至更大的定位误差。目前各大导航系统不断对其进行性能提升,例如 GPS 在最新的 GPS-IIF 卫星上就搭载了新一代的具有铷铯合成频率的原子钟,其万秒以下的频率稳定度已经达到了 10^{-14} 的水平,相比之前的星载原子钟,性能有了大幅提高。新一代北斗卫星也试验搭载了更高精度的氢原子钟,从而有望实现更高精度的时间基准。

高精度的时间基准要求导航系统内部具备高精度的时间同步能力。时间同步需要精确确定时间系统中各组成部分(包括卫星星钟、地面站钟)之间的相对关系及变化趋势。衡量时间基准的参数主要包括频率稳定度、频率准确度和时间偏差。为保障各卫星发射的导航信号实现时间同步,基于时间测量的 GNSS 必须建立一个统一的时间参考,通常称为系统时间。该系统时间必须是独立、稳定可靠、连续运行的、均匀的自由时间尺度。同时,GNSS 系统时间必须与国际法定的标准时间——协调世界时(UTC)进行同步,以实现全球时间的同步和统一。

鉴于时间基准在 GNSS 中的重要作用,现有 GNSS 系统都十分重视时间基准系统的构建,除了空间卫星之外,地面主控站时频系统的维持与性能提升也尤为重要。GPS 系统时间由美国海军天文台(USNO)伺服。USNO 是当前全球最重要的守时实验室,拥有数量庞大的守时钟组及测量比对设备。GLONASS 系统时间由主控站的主钟定义,是以中央同步器时间为基础产生的,其溯源于俄罗斯联邦国家时间空间计量研究所提供的俄罗斯国家标准时间 UTC(SU)。Galileo 系统则结合了欧洲几个最重要的守时实验室的时间基准,共同构建 Galileo 时间参考系统,其中包括德国 PTB、英国 NPL、意大利 INRIM 等。我国的北斗系统的系统时间则是溯源于主控站的高精度钟组。

1. GPS 系统时间

根据卫星导航定位系统的特点,需要一个连续稳定的系统时间。GPS 系统时间(GPST)为连续的时间尺度,不进行闰秒,并溯源到美国海军天文台的协调世界时 UTC(USNO)。TAI 为国际原子时。GPST 从 1980 年开始启用并与当时的 UTC 在整秒上一致后至 2017 年 3 月,GPST 与 UTC、TAI 的差异为

$$[UTC - GPST] = -18\text{s} + C_0$$
$$[TAI - GPST] = 19\text{s} + C_0$$

(1.1)

式中,C_0 是 GPS 时间与 UTC 在秒小数位上的差值。

2. GLONASS 系统时间

俄罗斯的 GLONASS 全球卫星导航系统设计卫星数为 24 颗,其星载原子钟为高精度铯钟,其日稳定性为 10^{-12}。GLONASS 时间(GLONASST)采用 UTC 作为时

间参考,其溯源到 UTC(SU)。至 2017 年 3 月,GLONASST 与国际原子时(TAI)及 UTC 的关系为

$$[UTC - GLONASST] = 0\text{s} + C_1$$
$$[TAI - GLONASST] = 37\text{s} + C_1 \tag{1.2}$$

式中,C_1 是 GLONASS 时间与 UTC 在秒小数位上的差值。

3. Galileo 系统时间

Galileo 系统星载原子钟为高精度铷原子钟和被动型氢钟,其日稳定性分别为 10^{-13} 和 10^{-14}。Galileo 时间参考系统(GST)参考 GPS 的做法,即与 TAI 在整数秒上差 19 s。GST 将被驾驭到一种时间预报国际伽利略时(GTI)上,GTI 通过 Galileo 时间供应商从欧洲的几个主要守时实验室 UTC(EU1)、UTC(EU2)、UTC(EU3)获得。

4. 北斗卫星导航系统时间

北斗时(BDT)是由北斗卫星导航系统主控站高精度原子钟维持的原子时系统,它的秒长取为国际单位制(SI)秒,起始点选为 2006 年 1 月 1 日(星期日)的 UTC 零点。BDT 为连续的时间尺度,不进行闰秒。至 2017 年 3 月,BDT 与 TAI 及 UTC 的关系为

$$[UTC - BDT] = -4\text{s} + C_2$$
$$[TAI - BDT] = 33\text{s} + C_2 \tag{1.3}$$

式中,C_2 是北斗时间与 UTC 在秒小数位上的差值。

§1.2　卫星导航系统时差测量概述

1.2.1　卫星导航系统时差测量

时差测量就是比对两个原子钟的时间,获取两个钟的差值。传统的时差测量方法为双向卫星时间频率传递(two-way satellite time and frequency transfer, TWSTFT)。TWSTFT 属于转发式时频传递手段,其原理如图 1.1 所示,地面站 A、B 通过同一卫星,同时向对方发送本地钟源的时间信号并接收对方钟的时间信号,然后用时间间隔计数器测量接收到的信号和本地钟信号之间的时间差。

两个时间间隔计数器的读数 $TIC(A)$ 和 $TIC(B)$ 为

$$TIC(A) = t_A - t_B + \tau_{TB} + t_{BS} + \tau_{SBA} + t_{SA} + \tau_{RA}$$
$$TIC(B) = t_B - t_A + \tau_{TA} + t_{AS} + \tau_{SAB} + t_{SB} + \tau_{RB} \tag{1.4}$$

式中:t_A、t_B 分别为 A、B 本地钟源的时间;t_{BS} 为信号从 B 发出由 S 收到所需要的传播时间,其中下标 S 代表卫星,t_{SA}、t_{AS}、t_{SB}、t_{BS} 类似;τ_{RA}、τ_{RB}、τ_{TA}、τ_{TB} 分别为 A、B 两地

收发设备的设备时延;τ_{SBA}、τ_{SAB}分别为卫星转发不同来源信号时星上的设备时延值。从而两个时频信号的时差值为

$$2(t_A - t_B) = \left[TIC(A) - TIC(B) \right] + \left[(\tau_{TA} - \tau_{TB}) - (\tau_{RA} - \tau_{RB}) \right]$$
$$+ \left[(t_{AS} - t_{SA}) - (t_{BS} - t_{SB}) \right] + \left[\tau_{SAB} - \tau_{SBA} \right] \quad (1.5)$$

式(1.5)第二项表示两地设备时延,可以通过实验室进行精确的校准。第三项是两段空间路径的时延计算。第四项为卫星转播器时延部分。从式(1.5)可以看出,TWSTFT消除星载钟时延的影响(式中第四项可以完全消掉);同样,由于两地面站发出的信号通过的路径完全相同,传递路径时延变化(几何路径、电离层、大气层)所造成的影响基本相同,在式中基本得到了消除。

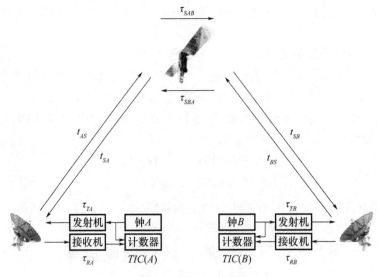

图 1.1　TWSTFT 的原理

但是 TWSTFT 技术需要租用专门的卫星(现在主要是 GEO 卫星)作为信号转发的媒介,参与双方需要专门的发射接收设备,其价格比较高,因此只能应用在一些大的实验室。

随着卫星技术和通信技术的发展,在高精度的时间比对(时差测量)技术上,原来的方法也逐步被卫星时差测量所代替。卫星导航系统时差测量主要是基于卫星导航系统播发的空间信号(包括电磁波信号和电文信息)进行卫星与卫星、卫星与地面、地面站之间时间差异的测量与计算。其原理为:卫星导航系统播发以系统时间信号为基准的信号,用户通过接收卫星广播电文获取自身的时间信息,将不同用户的时间进行比对就能获取相应的时差。

最早发展起来的卫星时差测量技术就是 GPS 单向时间比对,但是 GPS 单向法只能达到约 20 ns 的精度,不能满足现代实验室之间高精度时间比对的需要。在此

基础上,人们又提出了 GPS 共视法(common view,CV)。共视法能够使两站间的共同误差得到消除或削弱,因此大大提高了时间比对的精度。从 1995 年开始,国际计量局(BIPM)时间部在计算国际原子时(TAI)时,就依靠各时间实验室的单通道单频 GPS 接收机每天 48 次跟踪卫星,把全球 70 多个时间实验室几百台高精度原子钟的资料通过共视比对处理,统一归算成 UTC(OP)-UTC(k)。目前,GPS 共视法是国际原子时系统中最广泛应用的比对手段。

近年来,为了与原子频标的发展相适应,TWSTFT、GPS C/A 码多通道时间比对、GLONASS P 码时间比对和 GPS 载波相位时频比对等技术应运而生,它们将在 TAI 的计算中逐步取代单通道的 GPS 共视比对。另外,还包括了 GPS/GLONASS 一体化共视比对方法,进行的比对实验也取得了很好的结果,BIPM 提出利用测地型 GPS 接收机进行时间比对,并在 BIPM 计算 TAI 中得到了应用。

随着技术的发展,时差测量的精度也在不断提高,由以前的 ms 量级、μs 量级发展到现在的 ns 量级、0.1 ns 量级甚至更好。图 1.2(Lewandowski,2000)给出了各种时间比对技术的精度比较。

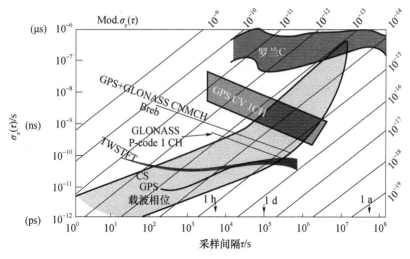

图 1.2 各种时间比对技术的精度比较

从图 1.2 中可以看出,铯频标和氢脉泽的日稳水平基本在 $10^{-14} \sim 10^{-13}$ 或略高,为了能够反映钟的良好性能,必须采用统计方法对比对数据平滑滤波,把比对中的测量噪声降到最低水平。设 τ_0 为最短的平均采样时间,对于以上两类频标,采用 GNSS 相位观测数据,τ_0 只需要 1 个历元(通常为 1 s);采用 TWSTFT 技术,则 $\tau_0 \approx 5$ min。如果利用罗兰 C,则 $\tau_0 = 50$ d 左右,这显然不能满足该类频标的比对需要。如果利用 GPS 共视法,对于较短基线上取 $\tau_0 \approx 1$ d,对于较长基线,取 $\tau_0 \approx 3 \sim 5$ d 的时间就能反映钟的性能。参与 TAI 计算的铯原子喷泉钟日稳好于 1.5×10^{-15},为了反映其性能,利用传统 GPS 共视法,则 τ_0 需要大大延长。目前 TAI 计算中采用的 $\tau_0 = 5$ d,如果继续沿用 5 d 的采样间隔,则单频多通道 GPS 共视法不能满足这类频标的比对需要。

1.2.2　卫星导航系统时差测量分类

按照功能,时差测量主要可分为以下几类:

1. 系统时间监测

系统时间监测的原理就是利用高稳定度、高准确度的地面时间基准,在主控站、监测站对卫星导航系统的时间信号进行连续的性能监测,从而对卫星导航系统时间、卫星钟时间完好性和性能指标进行评估,向用户提供系统的可靠性、完好性信息。

监测站用户接收到导航电文后,可计算出观测时刻对应的系统时间。对于维持系统时间的时间实验室接收机,其同时可以获取实验室的时间信号 UTC(k)。比较两组时间信号就可获取导航系统的系统时间与 UTC(k)时间的差异。

美国海军天文台利用 GPS 定时接收机接收卫星的空间信号,并在此基础上获取其在系统时间 GPST 下的钟差。将该钟差与 UTC(USNO)进行比对,所获取的就是 GPST 与 UTC(USNO)之间的系统偏差,从而实现在主控站对 GPST 进行监测。图 1.3 给出了 MJD54000 ~ MJD54350 一年内 GPST 与 UTC(USNO)的时差结果。可以看出,GPST 与 UTC(USNO)的时差在一年内峰值在 ± 5 ns 以内,均方根为 1.7 ns。

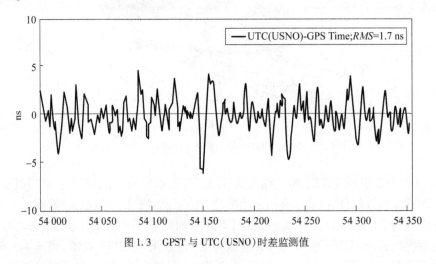

图 1.3　GPST 与 UTC(USNO)时差监测值

2. 时间频率传递

时间传递就是比对两个钟的时间,类似的把比对两个钟的频率称为频率传递。

国际计量局负责协调世界时的生成与发布。国际计量局将分布在全世界的 73 个实验室的几百台自由运转的高精度原子钟通过高精度时间比对归算,最终形成UTC。得益于 GNSS 时差观测技术的迅速发展,目前国际计量局大部分的时间频率比对是基于 GNSS 观测技术进行。

　　Hackman 等(2010)计算了测站 USN3(外接 GPS 主控站时频信号 USNO)与国际 GNSS 服务组织(IGS)全球观测网中参与数据处理测站的时差测量值。图 1.4 为数据处理中不同测站与测站 USN3 的距离,其中距离在 6 000 ~ 6 999 km 的测站最多。将 IGS 最终测站之间的时差作为参考值,对 2009 年 11 月到 2010 年 10 月一年的各站与 USN3 的时差测量结果进行统计,图 1.5 给出了时差测量值的精度,图中同时给出了测站 USN3 与各卫星以及卫星之间的时差测量精度。从图中可以看到,即使测站(卫星)之间距离超过 10 000 km,利用卫星导航系统进行时差传递的精度仍然优于 0.2 ns。

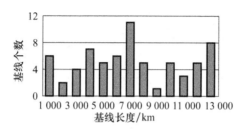

图 1.4　IGS 测站与测站 USN3 的距离

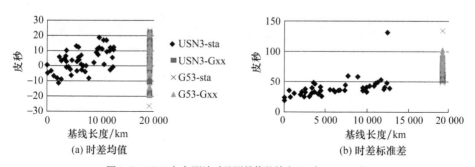

(a) 时差均值　　　　　　　　　　　(b) 时差标准差

图 1.5　USN3 与各测站时差测量值的精度(G 为 GPS 卫星)

3. GNSS 系统时差监测

　　目前,正式运行的 GNSS 系统包括 GPS、GLONASS、北斗卫星导航系统,同时Galileo 系统也正式运行了。多个 GNSS 系统的建设,使系统间兼容与互操作成为各大系统和谐共处、提供更好的服务、提高市场竞争力的必然手段。

　　任意单一卫星导航定位系统都有易受人为局部干扰、卫星覆盖有局限等缺点。如果实现多个 GNSS 系统组合应用,不但能够拓展系统的可用范围、克服单系统由于观测条件限制(如城市中建筑物遮挡、森林中树木遮挡)而无法定位的现象,还可以在采集数据时增加可观测卫星数目、提高测量定位的精度、增强测量定位结果的正确性和可靠性。

GNSS 系统时差监测将解决多个系统时间基准差异问题,通过对系统时差的连续监测与综合处理,获取各个导航系统的时差值并进行预报。从而解决 GNSS 多系统共用条件下,系统间的兼容问题,最终实现统一时间基准下的多模兼容服务。

图 1.6 (Lahaye et al,2011)计算了不同数据和处理方法情况下测站 GUSN(美国华盛顿,外接 GPS 主控站时频信号 USNO)、GIEN(意大利都灵,外接 Galileo 试验时频信号 EGST)之间的时差,也即代表了 GPS 与 Galileo 系统时差 EGGTO。其中 GPS TT 是基于每秒原始伪距观测值,并基于广播星历进行时差计算的结果;PPP pseudo 是基于平滑伪距观测值及精密星历利用精密单点定位(precise point positioning, PPP)方法获得的时差结果;PPP phase 是基于相位观测值及精密星历利用精密单点定位 PPP 方法获得的时差结果。三种方法获得的时差精度分别为 4.4 ns、1.1 ns 及 0.1 ns。

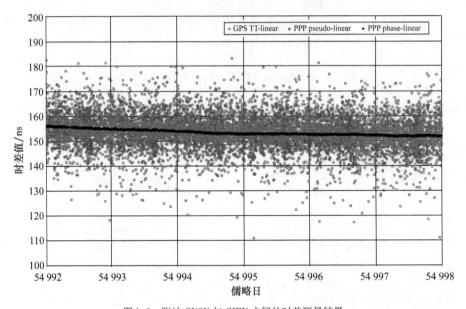

图 1.6　测站 GUSN 与 GIEN 之间的时差测量结果

§1.3　卫星导航系统时差测量的方法

GNSS 时差测量可通过多种手段实现,包括单站定时法、卫星共视法、卫星全视法、精密单点定位法及多站网解等方法。

1. 单站定时法

单站定时是通过外接时频信号的监测站观测导航卫星信号,对导航卫星系统时间与接收机外接时间信号的差异进行监测。其原理如图1.7所示,其采用伪距观测值,按照一定的数据处理策略,在指定的时间间隔输出每颗卫星相应的时差测量值,从而达到系统时间性能监测的目的。典型的应用为美国海军天文台(USNO)对 GPST 与 UTC(USNO)差异的监测。

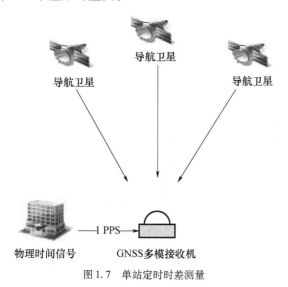

图1.7 单站定时时差测量

2. 卫星共视法

卫星共视法(common view, CV)是指处于不同位置的测站,在同一时间跟踪观测同一颗卫星,然后在接收机间单差,这样可以消除卫星轨道误差、卫星钟误差、大气折射等共同的误差,从而取得比单站单向定时更高的观测精度。如图1.8所示,测站 A 与测站 C 可通过 PRN01 号卫星实现卫星共视;测站 B 与测站 C 可通过 PRN02 卫星实现共视;而测站 A 与测站 B 的时差测量则需要通过测站 C 进行过渡。共视法一般要求两接收机同时对某颗卫星连续跟踪 13 min 以上,且卫星高度角大于 20°。对于较长基线,电离层(单频)、对流层等共同误差源相关性减小,GPS CV 所起到的主要作用大大削弱。

3. 卫星全视法

卫星共视法适应较短基线,如果基线较长,则由于无法在共同视野中观测到共视星而必须选择中间站作为中继。并且由于需要公共卫星,而减少了参与计算卫星的数量,计算的数据大大减少,因此其精度受到限制。卫星全视法(all in view, AV)时差测量利用每个观测站上观测到的所有卫星数据进行处理,获取每个测站本地时间与导航卫星系统时间的时差值。在相同时间系统基准基础上,对两个站观测的时差值求差就能获取两站之间的时差测量值,如图1.9所示。

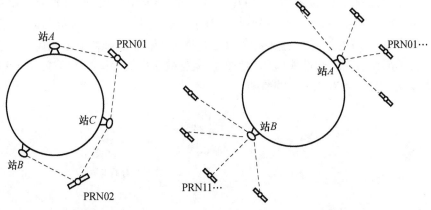

图1.8　卫星共视法时差测量　　　　图1.9　卫星全视法时差测量

4. 精密单点定位法

精密单点定位法是采用外部提供的精密轨道、钟差,利用双频无电离层组合伪距和相位观测值,在估计钟差参数的同时,估计对流层延迟参数。双频无电离层组合能够消除电离层延迟的影响,估计测站坐标以及对流层参数能进一步提高参数求解的精度。由于时差测量中测站一般是固定的,因此在采用精密单点定位方法求得测站精确坐标之后,可对其坐标进行固定,只估计钟差和对流层参数。

相比前几种方法,精密单点定位法采用了更高精度的相位观测值、更高精度的轨道、钟差产品及更为精确的参数估计算法。

5. 多站网解法

精密单点定位法的时差测量受到卫星轨道、钟差的影响较大,目前用于后处理应用中。随着IGS组织RTPP(real-time pilot project)项目的进一步发展,其有望实现实时高精度的处理。以上除了PPP方法之外的其他方法都是采用伪距观测数据,因此其精度受到伪距观测值的限制。

为消除时差测量受卫星轨道、钟差的影响,可采用多站网解的方法。多站网解时差测量法是将卫星钟差(或者轨道)与测站钟差一起解算。数据处理时选用一个参考钟REF,则任意时刻求取的卫星钟差及其他测站钟差为相对于该参考钟的相对钟差,这也是目前IGS-RTPP所采用的策略。

§1.4　卫星导航系统时差预报

由于卫星在空间轨道飞行,卫星钟与地面时间基准的比对可能不是连续进行的,也就是说,在地面监测站观测不到的弧段内,卫星钟与系统时间之间的同步只能由卫星钟自己维持,从而与卫星相关的时差测量无法直接进行观测。为了保证时间在两次计算之间及以后一定时间范围内的使用,必须对时差测量的结果进行预报。

进行时差测量的预报,需要根据时差测量值的特性,建立准确的时差测量模型。时差预报模型可分为确定性时间模型和随机模型两部分。确定性时间模型一般表示为采用一阶或二阶多项式的函数形式,并基于观测信息采用最小二乘法等方法进行参数求解。随机模型主要受原子钟噪声过程的控制,现在公认的与实验数据符合最好的模型就是幂律谱噪声模型。幂律谱噪声模型由五种独立的噪声组成,而五种噪声的表现又与取样时间有关,也就是说,随着取样时间变长,有的噪声贡献增大,变为主要的;有的噪声贡献减少,变为次要的。基本方法包括最小二乘法、卡尔曼滤波和时间序列分析的 AR 模型法等。

第2章 时差测量基本参数

卫星导航系统时差测量是基于卫星导航系统播发的空间信号进行钟差差值的处理。其基本参数包括观测数据、改正模型、性能指标评定方法等。

§2.1 导航电文概述

卫星导航系统时差测量最基本的观测值是导航系统播发的导航电文。广播导航电文参数是卫星导航系统向用户提供导航、定位、授时服务的基础。导航电文参数主要包括卫星广播星历参数、卫星钟差参数、电离层改正参数,以及广域差分改正参数、完好性参数等。这些参数都是采取预报的方式向用户提供,是随时间变化的函数,是以某时刻为参考点,其他时刻的数值则根据此时刻与参考时刻的时间差按一定的数学模型计算得出。

2.1.1 GPS/GLONASS 导航系统广播星历

GPS 和 GLONASS 系统星座均是由 MEO 卫星组成,GPS 广播星历参数模型采用 Kepler 轨道参数加摄动改正(多项式、调和函数)表达,而 GLONASS 广播星历参数模型采用参考时刻卫星的位置、速度、加速度等状态参数表达。具体参数情况如表 2.1 所示。

表 2.1　广播星历参数

	GPS	GLONASS
轨道参数	t_e,$\sqrt{a}$,e,i,Ω_0,ω,M	t_b,$x_n(t_b)$,$y_n(t_b)$,$z_n(t_b)$,$\dot{x}_n(t_b)$,$\dot{y}_n(t_b)$,$\dot{z}_n(t_b)$
摄动参数	Δn,$\dot{\Omega}$,$\mathrm{d}i/\mathrm{d}t$,C_{us},C_{uc},C_{is},C_{ic},C_{rs},C_{rc}	$\ddot{x}_n(t_b)$,$\ddot{y}_n(t_b)$,$\ddot{z}_n(t_b)$
坐标系	WGS-84	PZ-90
更新频率	2 h	30 min
外推能力	≥2 h,与拟合数据弧段长度有关	30 min

GPS 用户通过导航电文接收到上述广播星历参数后,可直接计算相应的卫星位置。而 GLONASS 需通过对卫星运动微分方程的数值积分计算得到相应的卫星位置。

比较 GPS 和 GLONASS 广播星历的表达方法,可发现:

(1)GPS 广播星历采用了 16 个参数,而 GLONASS 广播星历仅采用 10 个参数,所以,GPS 广播星历占用的数据位数多于 GLONASS 广播星历占用的数据位数。

(2)GPS 广播星历参数是通过对 GPS 精密星历拟合得到的,其参数利用了轨道摄动的基本特征,忽略量级较小的短周期摄动项,通常用 4~6 h 的星历数据去拟合,并保证拟合精度;GLONASS 广播星历参数中的摄动修正参数可根据参考时刻的卫星和日月的位置直接计算。因此,GLONASS 广播星历参数的产生方法较 GPS 的拟合算法简单。

(3)GPS 的广播星历产生算法虽然较复杂,但其用户算法可用解析公式给出,计算效率很高;GLONASS 星历的拟合算法简单,用户算法采用 Runge-Kutta 积分方法效率相对较低,用户接收机的计算量较大。

(4)GPS 和 GLONASS 选择了不同的广播星历表达方法,但是其表达的卫星位置的精度基本相当。

2.1.2　北斗卫星导航系统广播星历

北斗区域卫星导航系统星座设计为 5 颗 GEO 卫星、5 颗 IGSO 卫星、4 颗 MEO 卫星,是多种类型的混合星座。

1. MEO 卫星轨道特性

北斗系统 MEO 卫星轨道为 21 000 km 高度的近圆轨道,绕地球运行周期约为 12 h。这种轨道高度高,大气阻力小,覆盖范围大,轨道比较稳定,便于定轨。MEO 是近圆轨道,其偏心率 e 量级为 $10^{-3} \sim 10^{-2}$。虽然偏心率很小,但轨道向径的变化范围可达数百千米。

2. GEO 卫星轨道特性

北斗系统区域星座 5 颗 GEO 卫星,分别定点在东经 58.75°、80°、110.5°、140° 和 160°。GEO 卫星的轨道是高度为 36 000 km 的圆轨道($e \approx 0$),绕地球运行周期为 24 h,即在轨道上运行的角速度与地球自转角速度相同,轨道面与地球赤道面重合 ($i \approx 0$)。这种轨道高度比中地球轨道高,覆盖范围更大,轨道比中地球轨道更稳定。

3. IGSO 卫星轨道特性

IGSO 卫星轨道倾角 55°,3 颗 IGSO 卫星星下点轨迹重合,交叉点经度为东经 118°,相位差 120°。另有 2 颗 IGSO 卫星星下点轨迹重合,交叉点经度为东经 95°。轨道高度为 36 000 km,绕地球运行周期为 24 h。

北斗系统采用混合卫星星座,从简化用户算法角度,应采用统一的参数模型。同时,国际上呈现多卫星导航系统共存的格局,多系统联合定位成为导航定位发展趋势。为了简化用户算法,对不同系统中导航电文的广播星历参数设计提出了兼容性的要求。北斗系统广播星历预报参数将采用类 GPS 式的开普勒轨道根数加摄动改正的表达方式,参数包括 $\sqrt{A}$、e、ω、Ω_0、i_0、M_0、$\dot{\Omega}$、i、Δn、C_{rs}、C_{rc}、C_{us}、C_{uc}、C_{is}、C_{ic},加上星历参考时刻 t_{oe},共 16 个参数。

由于 GEO 卫星轨道倾角 i 接近于 0，参数 ω 和 Ω 的物理意义具有奇异性，参数之间的相关性显著增强，如果直接进行广播星历拟合，拟合精度比较差，或者迭代不收敛。因此，在 GEO 卫星进行星历拟合时，对 GEO 卫星选择一个不同的中间参考面进行星历拟合，该中间参考面与赤道面的夹角为 5°。用户进行卫星位置计算时，先计算出 GEO 卫星在自定义惯性系中的坐标位置，然后经过轨道面 5° 旋转后即为 2000 国家大地坐标系（CGCS2000）下的位置坐标。

2.1.3 广播星历使用方法

对于 GPS/BDS 系统，用户根据接收到的广播星历预报参数计算卫星在相应地固坐标系中的位置算法如表 2.2 所示。每个参数的具体含义可参考各卫星导航系统公布的 ICD 文件。

表 2.2 由卫星广播星历参数计算卫星位置的用户算法

计算方法	说明
$\mu = 3.986\,004\,418 \times 10^{14}$ m³/s²	地固坐标系下的地球引力常数
$\dot{\Omega}_e = 7.292\,115 \times 10^{-5}$ rad/s	地固坐标系下的地球旋转速率
$A = (\sqrt{A})^2$	计算半长轴
$n_0 = \sqrt{\dfrac{\mu}{A^3}}$	计算卫星平均角速度
$t_k = t - t_{oe}$	计算观测历元到参考历元的时间差
$n = n_0 + \Delta n$	改正平均角速度
$M_k = M_0 + n t_k$	计算平近点角
$M_k = E_k - e\sin E_k$	迭代计算偏近点角
$\sin v_k = \dfrac{\sqrt{1-e^2}\sin E_k}{1 - e\cos E_k}$ $\cos v_k = \dfrac{\cos E_k - e}{1 - e\cos E_k}$	计算真近点角
$\phi_k = v_k + \omega$	计算纬度幅角参数
$\delta u_k = C_{us}\sin(2\phi_k) + C_{uc}\cos(2\phi_k)$ $\delta r_k = C_{rs}\sin(2\phi_k) + C_{rc}\cos(2\phi_k)$ $\delta i_k = C_{is}\sin(2\phi_k) + C_{ic}\cos(2\phi_k)$	纬度幅角改正项 径向改正项 ⎫ 计算周期改正项 轨道倾角改正项 ⎭
$u_k = \phi_k + \delta u_k$	计算改正后的纬度参数
$r_k = A(1 - e\cos E_k) + \delta r_k$	计算改正后的径向
$i_k = i_0 + i \cdot t_k + \delta i_k$	计算改正后的倾角
$x_k = r_k\cos u_k$ $y_k = r_k\sin u_k$	计算卫星在轨道平面内的坐标

续表

计算方法	说明
$\Omega_k = \Omega_0 + (\dot{\Omega} - \dot{\Omega}_e) t_k - \dot{\Omega}_e t_{oe}$	计算历元升交点的经度（地固系）
$\left. \begin{array}{l} X_k = x_k \cos\Omega_k - y_k \cos i_k \sin\Omega_k \\ Y_k = x_k \sin\Omega_k + y_k \cos i_k \cos\Omega_k \\ Z_k = y_k \sin i_k \end{array} \right\}$	MEO/IGSO 卫星在地固坐标系坐标
$\Omega_k = \Omega_0 + \dot{\Omega} t_k - \dot{\Omega}_e t_{oc}$	计算历元升交点的经度（惯性系）
$\left. \begin{array}{l} X_k = x_k \cos\Omega_k - y_k \cos i_k \sin\Omega_k \\ Y_k = x_k \sin\Omega_k + y_k \cos i_k \cos\Omega_k \\ Z_k = y_k \sin i_k \end{array} \right\}$	
$\begin{bmatrix} X_{GK} \\ Y_{GK} \\ Z_{GK} \end{bmatrix} = \boldsymbol{R}_Z(\dot{\Omega}_e t_k) \boldsymbol{R}_X(-5°) \begin{bmatrix} X_K \\ Y_K \\ Z_K \end{bmatrix}$	GEO 卫星在自定义惯性系中的坐标（北斗卫星）
$\boldsymbol{R}_X(\varphi) = \begin{bmatrix} 1 & 0 & 0 \\ 0 & +\cos\varphi & +\sin\varphi \\ 0 & -\sin\varphi & +\cos\varphi \end{bmatrix}$	
$\boldsymbol{R}_Z(\varphi) = \begin{bmatrix} +\cos\varphi & +\sin\varphi & 0 \\ -\sin\varphi & +\cos\varphi & 0 \\ 0 & 0 & 1 \end{bmatrix}$	GEO 卫星在地固坐标系中的坐标（北斗卫星）

2.1.4　广播电文电离层延迟改正模型

对于只能接收一个频点的用户，电离层误差需要采用广播电文中的模型进行修正以提高精度。

电离层处于离地面 100 ~ 1 000 km 的高度范围内，通常在 350 ~ 450 km 高度处，电离层的电子含量密度最高。为简化研究电子含量 TEC（total electron content），假定某个单层模型来替代整个电离层，即认为所有的 TEC 都集中在某一高处的一个无限薄层球面上，如图 2.1 所示。图中，H 是单层高度，R 为地球半径，z 为测站信号路径天顶角，z' 为电离层穿刺点（IPP）处的信号路径天顶角。单层高度一般取 350 km 或者 450 km。

单层模型是一种理想模型，计算较为简便，因此被广泛应用。

单层模型需要求取穿刺点的经纬度。穿刺点为地面接收机与卫星连线与电离层单层的交点，其计算公式为

$$\left. \begin{array}{l} \varphi_{pp} = \arcsin(\sin\varphi\cos\psi_{pp} + \cos\varphi\sin\psi_{pp}\cos A) \\ \lambda_{pp} = \lambda + \arcsin\left(\dfrac{\sin\psi_{pp}\sin A}{\cos\varphi_{pp}}\right) \end{array} \right\} \qquad (2.1)$$

式中,λ_{pp} 和 φ_{pp} 分别为穿刺点的地理经纬度,λ 和 φ 分别为用户的大地经纬度,A 为卫星的方位角,ψ_{pp} 为地心张角。

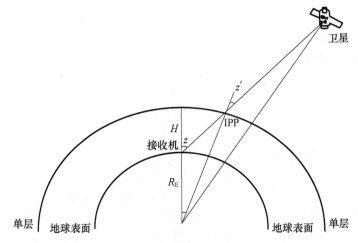

图 2.1　电离层单层示意图

在 GNSS 观测中,同历元时刻不同卫星由于传播路径不同,其电子总含量(total electron content,TEC)值也不同。在仅顾及信号频率平方项(f^2)的情况下,电磁波在电离层中传播时所受到的电离层延迟改正量的大小可简化为 TEC 的函数形式(Hofmann-Wellenhof,2000),即

$$\Delta_{\mathrm{ion}} = \frac{40.28}{f^2} TEC \qquad (2.2)$$

电离层延迟改正模型可表达在不同的坐标系。同一组资料,在不同的坐标系下会出现不同的规律分布(徐文耀,2006)。就 GNSS 电离层研究而言,目前常采用的坐标系有(袁运斌,2002):

（1）地固地理系:穿刺点(IPP)的地理经纬度为电离层垂直电子总含量(vertical total electron content,VTEC)模型变量。

（2）地固地磁系:IPP 点的地磁经纬度为电离层 VTEC 模型变量。

（3）日固地理系:IPP 点的地理纬度,地理经度与太阳地理经度的差值作为电离层 VTEC 模型变量。

（4）日固地磁系:IPP 点的地磁纬度,IPP 点的地磁经度与太阳地磁经度差值作为电离层 VTEC 模型变量。

1. GPS Klobuchar 修正模型

Klobuchar 模型是 GPS 采用的电离层延迟修正参数模型。该模型直观简洁地反映了电离层的周日变化特性,将晚间的电离层时延视为常数;而白天的电离层延迟则用余弦函数中正的部分来模拟。参数设置考虑了电离层振幅和周期的变化,

基本反映电离层的变化特性,从大尺度上保证了电离层预报的可靠性。大量观测资料验证结果表明,该模型在中纬度地区比较适合,但从全球应用角度来考虑,Klobuchar 模型的改正效果一般在 60% 左右。

Klobuchar 模型的表达式为

$$I_z(t) = \begin{cases} A_1 + A_2 \cos\left[\dfrac{2\pi(t - A_3)}{A_4}\right], & |t - A_3| < A_4/4 \\ A_1, & t \text{ 为其他值} \end{cases} \tag{2.3}$$

式中:I_z 是以 s 为单位的垂直延迟;t 为以 s 为单位的接收机至卫星连线与电离层交点处的地方时;$A_1 = 5 \times 10^{-9}$ s 为夜间值的垂直延迟常数;A_2 为白天余弦曲线的幅度,由广播星历中的 α_n 系数求得,则有

$$A_2 = \begin{cases} \displaystyle\sum_{n=0}^{3} \alpha_n \varphi^n, & A_2 \geqslant 2 \\ 0, & A_2 \leqslant 0 \end{cases} \tag{2.4}$$

式中:φ 是电离层穿刺点的地磁纬度;A_3 为初始相位,对应于余弦曲线极点的地方时,一般取 50 400 s(当地时间 14:00);A_4 为余弦曲线的周期,根据广播星历中 β_n 系数求得,则有

$$A_4 = \begin{cases} \displaystyle\sum_{n=0}^{3} \beta_n \varphi^n, & A_4 \geqslant 72\,000 \\ 72\,000, & A_4 < 72\,000 \end{cases} \tag{2.5}$$

其中,模型中的振幅 A_2 项和周期项 A_4 均考虑了不同纬度上的差异。

2. Galileo 电离层延迟修正参数模型

NeQuick 模型是 Galileo 系统采用的电离层延迟修正参数模型,NeQuick 模型属于一种半经验的电离层模型。其播发的电离层模型参数包括 a_{i0}、a_{i1}、a_{i2},以及电离层干扰标识(ionospheric disturbance flag)。用户接收到 Galileo 系统播发的电离层延迟修正参数模型后,根据式(2.6)进行有效电离水平因子(effective Ionization level)A_z 的计算,即

$$A_z = a_{i0} + a_{i1}\mu + a_{i2}\mu^2 \tag{2.6}$$

式中,$\mu = \arctan(I/\sqrt{\cos\varphi})$,$\varphi$ 为地理纬度,I 为用户位置的真实磁倾角。

在获取有效电离水平因子 A_z 后,用户利用 NeQuick G 模型计算电离层斜路径总电子含量,在此基础上再将电子含量转换成斜路径电离层延迟(Arbesser-Rastburg,2006)。

3. BDS 系统基于地理坐标系下 Klobuchar 模型

北斗系统采用电离层延迟修正的八参数模型计算公式形式与 GPS 一致,其区别在于参考坐标系及投影函数。北斗系统电离层时延模型中 φ_m 为穿刺点处的地

理纬度,而 GPS 系统中电离层时延模型中 φ_m 为穿刺点处的地磁纬度。两个系统电离层模型选用的投影函数也不同,Klobuchar 提出的用于 GPS 广播星历电离层模型的投影函数为

$$mf(z) = 1 + \left(\frac{z+6}{96}\right)^3 \tag{2.7}$$

北斗系统广播星历电离层模型选择三角函数作为投影函数,即

$$mf(z) = \frac{1}{\cos z'} \tag{2.8}$$

在式(2.7)和式(2.8)中,z' 为星站连线与电离层单层模型相交穿刺点处高度角的余角(穿刺点处的天顶角,单位为度)。

§2.2　时差测量观测值

2.2.1　伪距测量

伪距即卫星发射的测距码到达接收机的传播时间乘以光速的距离。由于信号传播中,有卫星、接收机钟差、大气延迟等的影响,伪距观测值与卫星到接收机的实际几何距离不相等,因此称测量的距离为伪距。伪距测量精度有限,但定位授时速度快,解算值唯一,是卫星导航定位导航中最基本的方法,也是载波相位测量中模糊度解算的辅助资料。

导航卫星生成的测距码经过一定时间传播到接收机,接收机通过延时器生成相同的码,对二者进行相关处理,当自相关系数最大时,则延时器的延时与信号传播时间相等,乘以光速即为卫星到接收机的距离。

由于信号的传播过程中,受到对流层、电离层等大气延迟的影响,再考虑卫星钟与接收机不准产生的钟差,则伪距观测方程为

$$P = \rho - c \cdot \delta t_i + c \cdot \delta t^j + T + I + \varepsilon \tag{2.9}$$

式中,P 为伪距观测值,ρ 为卫星到接收机的几何距离,δt_i、δt^j 分别为接收机和卫星钟差,T、I 分别为对流层延迟误差和电离层延迟误差,ε 为其他误差项,i 表示接收机号,j 表示卫星号。

2.2.2　载波相位测量

载波相位测量的观测值是接收机收到的卫星载波相位信号与接收机自身的相位差。接收机 i 在接收机钟面时 t_k 观测卫星 j 的相位观测量为

$$\Phi_i^j(t_k) = \varphi_i(t_k) - \varphi_i^j(t_k) \tag{2.10}$$

式中,$\varphi_i(t_k)$ 为 i 接收机在钟面时 t_k 产生的本地参考信号相位值,$\varphi_i^j(t_k)$ 为 i 接收机

在钟面时 t_k 观测到的 j 卫星的载波相位值。由于相位差的测量只能测出一周之内的相位值,实际测量中卫星载波相位信号传播到接收机时已经经过了若干周,如果对整周进行计数,则某一初始时刻 t_0 以后,包含整周数的相位观测值为

$$\Phi_i^j(t_k) = \varphi_i(t_k) - \varphi_i^j(t_k) + n^j \tag{2.11}$$

接收机不间断跟踪卫星信号,利用整周计数器记录从 t_0 到 t_i 时间内的整周数 $\mathrm{Int}(\varphi)$,同时测定小于一周的相位差,则任意时刻 t_k 卫星 j 到接收机 i 的相位差为

$$\Phi_i^j(t_k) = \varphi_i(t_k) - \varphi_i^j(t_k) + n_0^j + \mathrm{Int}(\varphi) \tag{2.12}$$

即从第一次开始以后的观测量中都包含了相位差的小数部分和累计的整周数。具体原理如图 2.2 所示。

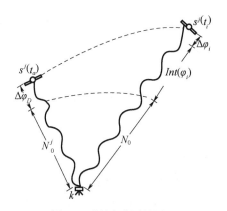

图 2.2　载波相位测量原理

载波相位观测量是接收机与卫星位置的函数,可以由此函数解算接收机的位置。设在标准时刻 T_a(卫星钟面时 t_a)卫星 j 发射的载波相位为 $\varphi^j(t_a)$,经过传播延时 $\Delta\tau$,在标准时刻 T_b(接收机钟面时 t_b)时刻到达接收机。T_b 时收到的和 T_a 时发射的相位不变,即 $\varphi^j(T_b) = \varphi^j(T_a)$。而 T_b 时,接收机自身产生的载波相位为 $\varphi(t_b)$,则 T_b 时刻的载波相位观测量为

$$\phi = \varphi(t_b) - \varphi^j(t_a) \tag{2.13}$$

受接收机钟差和卫星钟差 δt_i、δt^j 的影响,则有

$$\phi = \varphi(T_b - \delta t_i) - \varphi^j(T_a - \delta t^j) \tag{2.14}$$

由于卫星钟和接收机钟的振荡器频率较为稳定,因此其信号相位与频率有如下关系,即

$$\varphi(t + \Delta t) = \varphi(t) + f \cdot \Delta t \tag{2.15}$$

式中,f 为信号频率,Δt 为微小时间间隔,φ 以 2π 为单位。

接收机钟的固定参考频率和卫星发射的载波频率相等,因此有

$$\left.\begin{array}{l} T_b = T_a + \Delta\tau \\ \varphi(T_b) = \varphi^j(T_a) + f\Delta\tau \end{array}\right\} \quad (2.16)$$

式中,$\Delta\tau$ 为信号传播时间。在考虑卫星信号传播时间所受的对流层和电离层影响后,综合上述公式,则有

$$\begin{aligned} \phi &= \varphi(T_b - \delta t_i) - \varphi^j(T_a - \delta t^j) \\ &= \varphi(T_b) - f\delta t_i - \varphi^j(T_a) + f\delta t^j \\ &= f\Delta\tau - f\delta t_i + f\delta t^j \\ &= \frac{f}{c}(\rho + T - I) - f\delta t_i + f\delta t^j \end{aligned} \quad (2.17)$$

估计载波相位的整周数后的载波相位观测方程为

$$\phi = \frac{f}{c}\rho - f\delta t_i + f\delta t^j + \frac{f}{c}T - \frac{f}{c}I + n_0 \quad (2.18)$$

转换为距离单位为

$$L = \rho - c\delta t_i + c\delta t^j + T - I + N_0 \quad (2.19)$$

式中,$N_0 = \lambda n_0$,λ 为波长。

2.2.3 观测方程的线性组合

在时差测量数据处理中,为进行数据清理、编辑、误差消除或减弱,经常会用到双频观测值之间的线性组合(linear combination, LC),常见的线性组合包括无电离层组合(ionosphere-free linear combination)、电离层残差组合(geometry-free linear combination)、宽巷组合(wide-lane linear combination)及 MW 组合(Melbourne-Wübbena linear combination)等。

1. 无电离层组合

无电离层组合能够消除一阶的电离层影响,大大减弱电离层误差,在双差或非差观测方程中经常用到。无电离层伪距和相位观测方程可以表示为

$$\begin{aligned} P_{3k}^j &= \frac{1}{f_1^2 - f_2^2}(f_1^2 \cdot P_{1k}^j - f_2^2 \cdot P_{2k}^j) \\ L_{3k}^j &= \frac{1}{f_1^2 - f_2^2}(f_1^2 \cdot L_{1k}^j - f_2^2 \cdot L_{2k}^j) \end{aligned} \quad (2.20)$$

无电离层组合虽然能够消除大部分的电离层误差,但组合的观测噪声是 L_1 的 3 倍,模糊度失去了整数性,不易解算。无电离层组合还可以用来检测接收机本身系统误差引起的粗差。

2. 电离层残差组合

电离层残差组合与卫星到接收机之间的几何距离无关,可以消除与频率无关的误差,如卫星轨道误差、卫星钟差、接收机钟差、对流层误差等,组合方程中只包

含电离层影响、整周模糊度及观测噪声。在没有周跳的情况下,由于整周模糊度不变而且电离层变化比较小,一次电离层残差组合能够剔除观测值中的粗差,也适用于周跳的探测与修复。

伪距与相位的电离层残差组合式为

$$\left.\begin{aligned} P_{4k}^{j} &= P_{1k}^{j} - P_{2k}^{j} = I_{1k}^{j} - I_{k}^{j} \\ L_{4k}^{j} &= L_{1k}^{j} - L_{2k}^{j} = I_{1k}^{j} - I_{2k}^{j} + \lambda_1 N_{1k}^{j} - \lambda_2 N_{2k}^{j} \end{aligned}\right\} \tag{2.21}$$

3. MW 组合

MW 组合消除了绝大部分的观测误差,只剩观测噪声和多路径效应,而通过多历元平滑可以减弱这些噪声,因此 MW 组合常用于确定模糊度及检测周跳。MW 组合适用于非差与双差组合,计算式为

$$L_{5k}^{j} = \frac{1}{f_1 - f_2}(f_1 L_{1k}^{j} - f_2 L_{2k}^{j}) - \frac{1}{f_1 + f_2}(f_1 P_{1k}^{j} + f_2 P_{2k}^{j}) \tag{2.22}$$

由式(2.22)可得宽巷组合模糊度。

§2.3　时差测量误差改正

卫星导航定位中的原始观测量不仅包含卫星与接收机间真正的几何距离,还包含导航信号生成、传播、接收及测量过程中产生的各种延迟。卫星导航系统的误差源如图 2.3 所示(王彬,2016)。

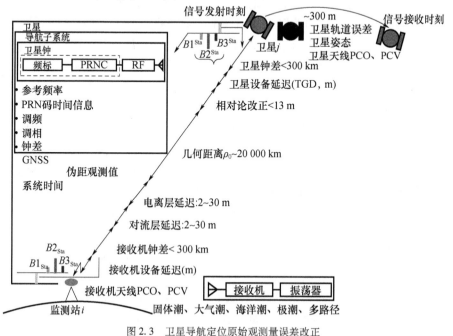

图 2.3　卫星导航定位原始观测量误差改正

以上延迟主要包括三部分:与卫星有关的误差、与传播路径有关的误差及与接收机有关的误差。

对于上述误差,分析如下:

(1)对于能够精确模型化的误差采用模型改正,如卫星、接收机天线相位改正,地球固体潮、海洋负荷潮汐、地球自转、相对论等。

(2)不能精确模型化的误差由外部输入或进行参数估计,如接收机钟差、对流层天顶延迟、卫星轨道和钟差等。

(3)既难以精确模型化又不好分离估计的误差通过双频观测值来消除,如电离层延迟误差可以通过无电离层组合来消除。

2.3.1 对流层延迟误差改正

对流层是指地面向上约 40 km 范围内的大气层,约占大气层总质量的 99%,也是各种气象现象主要的出现区域。电磁波在对流层的传播速度与大气折射率有关,而整个对流层的折射率是不同的,因此电磁波在经过对流层时会产生弯曲和延迟,延迟量在天顶方向可达 2 m。对流层大气折射率与气压、温度、湿度有关,一般将天顶总延迟(zenith total delay, ZTD)分为干延迟(zenith hydrostatic delay, ZHD)和湿延迟(zenith wet delay, ZWD)。干延迟约占总延迟量的 90%,可以通过实测气压和气温精确计算,而由于大气中水汽变化很大,湿延迟不能通过模型精确计算,这是电磁波测地技术(如 VLBI、GPS)中的一个重要误差源。通常的解决办法是通过模型计算静力学延迟量作为已知值,将湿延迟作为未知数解算。

图 2.4(详见文后彩图)为陆态网络两个连续观测站的 ZTD 时间序列与拟合结果,其中左上角图为 QHME 测站(37.5°N, 101.4°E, 2 971 m)的 ZTD 时间序列与拟合结果,其中蓝线为时间序列,黑线为年周期拟合结果,红线为年周期 + 半年周期拟合结果;右上角图为 QHME 测站的 FFT 得到的周期与振幅,横坐标为周期(a),纵坐标为振幅(m)。左下角为 TAIN 测站(36.2°N, 117.1°E, 339 m)ZTD 时间序列与拟合结果,右下角为 TAIN 测站的 FFT 变化结果。从图中可以看出,ZTD 在不同测站存在明显差异,并且均呈现出年周期加半年周期的特性。

图 2.5(详见文后彩图)为利用陆态网络连续观测台站获取的天顶总延迟 ZWD 的时间序列图,其存在与 ZTD 类似的特性。图中还分别显示了采用实际数据计算的结果(SHAO)、采用周年项模型(Year)及周年加半周年项模型(Year & Semi-Year)拟合的结果。

通常情况下电磁波传播路径并不是在天顶方向,因此需要将天顶方向延迟量映射到某一倾斜的传播方向,这就需要映射函数(mapping function, MF),倾斜方向的对流层延迟量是干、湿映射函数与天顶干、湿分量的乘积之和,即

$$z(e) = z_h \times MF_h(e) + z_w \times MF_w(e) \tag{2.23}$$

式中,$z(e)$ 为总延迟量,z_h、z_w 分别为天顶干、湿延迟量,$MF_h(e)$、$MF_w(e)$ 分别是干、湿映射函数,e 是高度角。映射函数 MF 通常采用连分式,即

$$MF(e) = \cfrac{1 + \cfrac{a}{1 + \cfrac{b}{1 + c}}}{\sin e + \cfrac{a}{\sin e + \cfrac{b}{\sin e + c}}} \qquad (2.24)$$

式中,参数 a、b、c 是远小于 1 的常数,干、湿映射函数分别用不同的参数 (a_h, b_h, c_h) 和 (a_w, b_w, c_w)。常用的映射函数有 NMF、$VMF1$、GMF 等,各映射函数之间的差别主要表现在参数 a、b、c 的区别上。

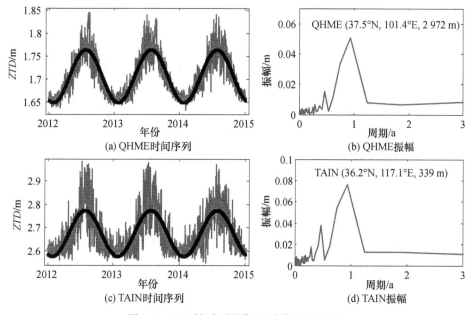

图 2.4 *ZTD* 时间序列及傅里叶变化得出的振幅

通常采用 Saastamoinen 模型计算对流层延迟改正,即

$$ZTD = \frac{0.002\,277}{f(\varphi, h)} \times \left[P_s + \left(\frac{1\,255}{T_s} + 0.05 \right) e_s \right] \qquad (2.25)$$

$$e_s = rh \times 6.11 \times 10^{\frac{7.5(T_s - 273.15)}{T_s}} \qquad (2.26)$$

$$f(\varphi, h) = 1 - 0.002\,66\cos(2\varphi) - 0.000\,28h \qquad (2.27)$$

式中,*ZTD* 单位为 m,T_s 为地面温度(K),P_s 为地面气压(mbar),e_s 为地面水气压,rh 为地面相对湿度($0 \sim 1$)。其中气象参数可以是实测数据,$f(\varphi, h)$ 是即纬度和高度的函数,反映了重力加速度随地理位置和海拔高度的变化,φ 为测站的地心大地

纬度,单位为弧度,h 为测站大地高(m)。式(2.25)中前半部分为干延迟分量,后半部分为湿延迟分量。若没有实测气象数据,一般采用标准参考大气参数为 $P_0 = 1\,013.25$ mbar,$e_0 = 11.691$ mbar,$T_0 = 288.15$ K。

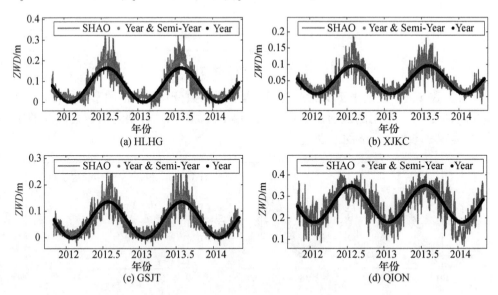

图 2.5　测站 HLHG (47°N, 130°E, 210 m)、XJKC (42°N, 83°E, 1 028 m)、
GSJT (37°N, 104°E, 1 603 m)、QION(19°N, 109°E, 207 m)ZWD 时间序列

2.3.2　电离层延迟误差改正

电离层是高度在 60 ~ 1 000 km 的大气层。在太阳紫外线、X 射线、γ 射线和高能粒子等的作用下,电离层中的中性气体分子部分被电离,产生了大量的电子和正离子,从而形成了一个电离区域。电磁波信号在穿过电离层时,其传播速度会发生变化,变化程度主要取决于电离层中的电子密度和信号频率。电离层电子浓度与高度有关,在 50 km 处电子浓度约为 10^8 eletrons/m^3,随着高度增加,电子浓度迅速增加,在 300 km 处电子浓度约为 10^{12} electrons/m^3,之后随高度增加电子浓度逐渐降低。

选取 COCO(-12.2°S,96.8°E)、KARR(-20.9°S,117.1°E)、TWTF(24.9°N, 121.1°E)、BJFS(39.6°N,115.9°E)四个站,根据 Klobuchar 模型计算测站上空的 VTEC,如图 2.6 所示。从图 2.6 中可以看出,不同纬度上空 VTEC 含量最大值出现在地方时 14:00 过后的 0 ~ 4 h。

电离层延迟对伪距影响可以写为

$$\Delta\rho = \int_s^o (n_{gr} - 1)\,\mathrm{d}s = \frac{40.3}{f^2}TEC \qquad (2.28)$$

式中,n_{gr} 为折射指数,TEC 为信号传播路径 s 从卫星(s)到观测者(o)的积分,即

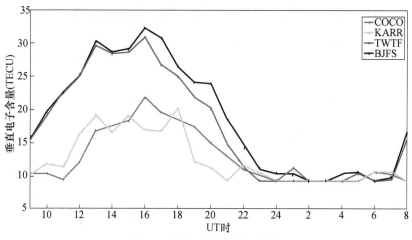

图 2.6　测站上空垂直总电子含量

$$TEC = \int_s^o d_e(s)\,\mathrm{d}s \qquad (2.29)$$

同理,对相位观测量电离层折射误差可以写为

$$\Delta\varphi\lambda = \int_s^o (n_{ph}-1)\,\mathrm{d}s = -\frac{40.3}{f^2}TEC \qquad (2.30)$$

式中,n_{ph} 为折射指数。

由双频观测伪距给出的电离层改正值如下:

对 L_1 伪距有

$$\Delta\rho_{L_1} = \frac{f_2^2}{f_1^2 - f_2^2}(\rho_{L_1} - \rho_{L_2}) \qquad (2.31)$$

对 L_2 伪距有

$$\Delta\rho_{L_2} = \frac{f_1^2}{f_1^2 - f_2^2}(\rho_{L_1} - \rho_{L_2}) \qquad (2.32)$$

式中,ρ_{L_1}、ρ_{L_2} 为输入的第一频率和第二两频率伪距观测值。

2.3.3　与卫星有关的误差

与卫星有关的误差主要包括:卫星钟差和轨道误差、卫星天线相位中心偏差、卫星相位缠绕、相对论效应及硬件延迟偏差改正等。

1. 卫星钟差

卫星钟差是指卫星钟时间与导航系统时间之差,由钟差、频偏、频漂及随机误差构成。虽然导航卫星上都有高精度原子钟,与导航系统时之间仍然有约 1 ms 内的偏差,引起的等效距离误差可达 300 km,因此卫星钟差必须精确确定。

图 2.7 为 IGS 综合分析中心(IGS ACC)给出的 GPS 广播卫星钟差及精密卫星钟差的精度统计,图中横轴为 GPS 星期周,纵轴为精度。广播卫星钟差精度为

1.5～10 ns,等效距离误差在 0.5～3 m,不能满足精密定位的需求。IGS 提供的精密卫星钟差产品,其精度已经优于 0.1 ns。

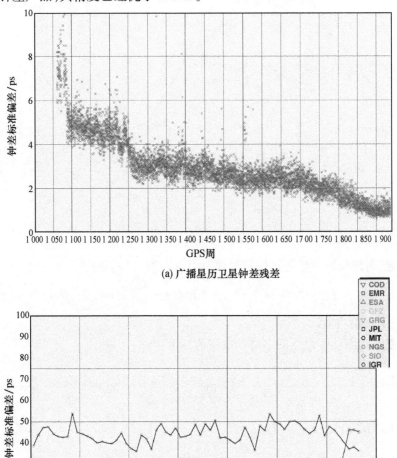

(a) 广播星历卫星钟差残差

(b) IGS 精密钟差精度

图 2.7　GPS 卫星钟差精度

2. 卫星轨道误差

卫星轨道误差是指卫星真实位置与卫星星历计算获得的卫星位置之间的偏差,轨道误差取决于定轨采用的数学模型、跟踪网规模与分布跟踪方法、所用软件及跟踪站数据观测时间长度。目前 GPS 广播星历整体精度在 2 m 以内,GLONASS

广播星历在 5 m 以内,而 IGS 提供的精密星历产品精度为 1 ~ 3 cm。

　　图 2.8 为 IGS 综合分析中心(IGS ACC)给出的 GPS 广播卫星轨道及精密卫星轨道的精度统计,图中横轴为 GPS 星期周,纵轴为精度。广播卫星钟差精度为 1 ~ 4 m,不能满足精密定位的需求。IGS 提供的精密卫星钟差产品,其精度已经优于 2 cm。

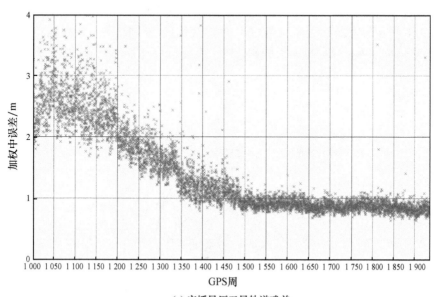

(a) 广播星历卫星轨道残差

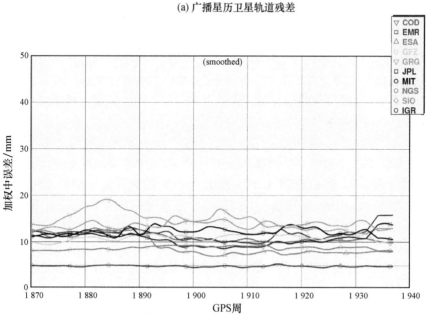

(b) IGS 精密轨道精度

图 2.8　GPS 卫星钟差精度

3. 卫星相位中心偏差

而在 GNSS 数据处理中,卫星的轨道是以卫星质心为基准的,用户站坐标则是以测站基墩参考点(antenna reference point, ARP)为基准的。如图 2.9 所示,天线相位中心并不是个物理的点,并且由于天线本身的特性,天线相位中心与卫星质量中心或接收机基墩参考点存在偏差。该偏差表现为星固坐标系、测站坐标系 3 个方向上的平均偏差及随着高度角、方位角的变化量,分别被称为天线相位中心偏差(phase center offset, PCO)和天线相位中心变化(phase center variation, PCV)。

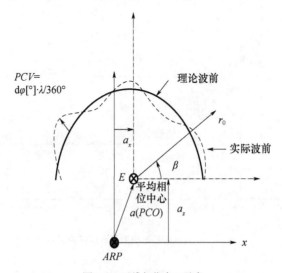

图 2.9 天线相位中心示意

卫星在发射之前会对相位中心进行标定,给出相应的标定值。图 2.10 为 GPS 卫星 BLOCKIIA 天线尺寸的示意图。从图 2.10 可以看到,卫星天线相位中心在星固坐标系中 +X 方向存在 279.4 mm 的偏差。

图 2.11 为 GPS 及 GLONASS 卫星天线相位中心 PCV 随天底角变化的情况,其中横坐标和纵坐标分别为卫星天底角和卫星 PCV,图中不同颜色对应不同类型卫星(详见文后彩图)。可以看到,GPS 卫星天线 PCV 随天底角变化幅度较大,不同类型卫星之间比较相近,当然同一类型的各个卫星之间也存在比较明显的差异。GLONASS 卫星相位中心 PCV 随天底角的变化比较平缓,除了个别卫星差异明显之外,其余卫星 PCV 的差异较小。

天线相位中心偏差改正值一般表示在卫星星固坐标系,其对卫星坐标的改正公式为

$$X_{\text{phase}} = X_{\text{mass}} + \begin{bmatrix} e_x & e_y & e_z \end{bmatrix}^{\text{T}} X_{\text{offset}} \tag{2.33}$$

式中,e_x、e_y、e_z 为星固坐标系在惯性坐标系中的单位矢量,X_{phase}、X_{mass} 为惯性坐标系中卫星的相位中心和质量中心,X_{offset} 为星固系中卫星天线相位中心的偏差。

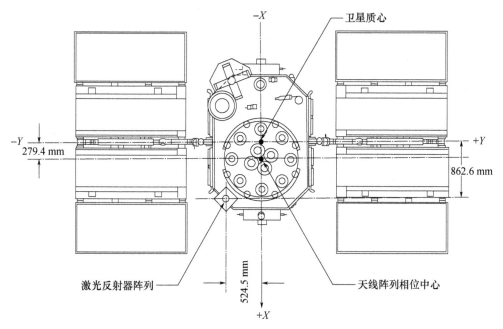

图 2.10　GPS BLOCK IIA 卫星的示意

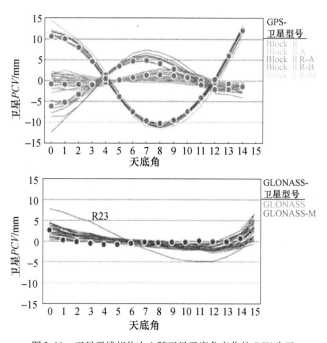

图 2.11　卫星天线相位中心随卫星天底角变化的 PCV 改正

如果直接改正观测距离,则有

$$\Delta\rho = \frac{r_s - r_R}{|r_s - r_R|}\Delta R_{\text{sant}}$$ (2.34)

式中,r_s、r_R 为卫星、接收机天线的地心矢量。

4. 卫星相位缠绕改正

导航卫星发射的电磁波信号是右旋极化(RCP)的,因此接收机收到的载波相位受到卫星与接收机天线之间相互方位关系的影响,接收机或卫星天线绕其垂直轴旋转都将改变相位观测值,最大可达一周(一个波长),这种效应称为天线相对旋转相位增加效应,对其进行改正称为天线相位缠绕改正。在静态定位中,接收机天线通常指向某固定方向(北),但是卫星天线会随着太阳能板对太阳朝向的改变而缓慢的旋转,从而引起卫星到接收机几何距离的变化。此外,在日食期间,为了能重新将太阳能板朝向太阳,卫星将快速旋转,这就是"中午旋转"和"子夜旋转",半小时内旋转量可达一周,因此需将相应的相位数据改正或删除。对于几百千米的基线或网络差分定位来说,相位缠绕比较微弱,但是对于长基线精密定位时其影响较大。相位缠绕改正公式如下:

$$\begin{aligned}
\Delta\varphi &= \text{sign}(\zeta)\arccos\left(\frac{\overline{D}' \cdot \overline{D}}{|\overline{D}'| |\overline{D}|}\right) \\
\zeta &= \hat{k} \cdot (\overline{D}' \cdot \overline{D}) \\
\overline{D}' &= \hat{x}' - \hat{k}(\hat{k} \cdot \hat{x}') - \hat{k} \times \hat{y}' \\
\overline{D} &= \hat{x} - \hat{k}(\hat{k} \cdot \hat{x}) + \hat{k} \times \hat{y}
\end{aligned}$$ (2.35)

式中,$\hat{k}$ 为卫星到接收机的单位向量,$\overline{D}'$ 为卫星坐标系下由坐标单位矢量($\hat{x}'$,$\hat{y}'$,$\hat{z}'$)计算的卫星有效偶极矢量,$\overline{D}$ 为接收机地方坐标系下的坐标单位矢量,($\hat{x}'$,$\hat{y}'$,$\hat{z}'$)为计算的接收机天线有效偶极矢量。

5. 卫星相对论效应改正

接收机和卫星位置的地球重力位不同,而且接收机和卫星在惯性系统中的速度不同,由此引起的接收机和卫星之间的相对钟误差称为相对论效应。相对论效应引起 GPS 卫星钟比接收机钟每秒约快 0.45 ns。为消除其影响,卫星发射前已经将卫星中频率减小了约 0.004 5 Hz,但由于地球运动、卫星轨道高度的变化及地球重力场的变化,相对论效应并不是常数,在上述改正后还有残差,可用式(2.36)改正,即

$$\Delta P_{\text{rel}} = -\frac{2}{c^2}X_S \cdot \dot{X}_S$$ (2.36)

式中,X_S、$\dot{X}_S$ 分别为卫星的位置向量和速度向量。

6. 卫星硬件延迟改正

导航卫星发射的信号一般基于不同频点。不同的频点伪距信号在不同频点存在发射链路时延,起点为卫星的钟面时,终点为卫星各频点天线相位中心。该时延

被称为硬件延迟。导航系统提供的信号都是基于一个频点或者频点的组合,对于其他频点则需要进行相应的硬件延迟偏差改正。卫星的延迟定义为 T_{GD} 参数,以北斗系统为例,系统的参考频点为 B3,则 B1、B2 频点相对于 B3 频点的硬件延迟为

$$\left.\begin{aligned} T_{GD_1} = \tau_1^s - \tau_3^s \\ T_{GD_2} = \tau_2^s - \tau_3^s \end{aligned}\right\} \tag{2.37}$$

北斗系统的 IFB 定义为基于 B3 频点的通道延迟偏差,有两个 IFB 参数分别为 B1、B2 频点相对于 B3 频点的接收链路时延差,即

$$\left.\begin{aligned} IFB_1 = \tau_1^r - \tau_3^r \\ IFB_2 = \tau_2^r - \tau_3^r \end{aligned}\right\} \tag{2.38}$$

2.3.4　测站相关修正

1. 接收机天线相位中心改正

与卫星天线类似,地面接收机的天线用于接收卫星信号的相位中心与物理中心(几何点)也不重合。接收机天线出厂的参考点(antenna reference point,ARP)为一个指定的物理点。实际上天线相位中心的位置既不是其物理中心,也不是稳定的点。一般只能计算出理论上的平均相位中心,该平均相位中心与物理参考点的偏差为相位中心偏差 PCO。而瞬时的相位中心与平均相位中心的偏差为相位中心变化量 PCV。

图 2.12 给出了 Trimble Zephyr 2(TRM55971.00)天线的示意及相位中心 PCO 的标校值。可以看到该天线 PCO 水平方向的偏差小于 2 mm,而垂直方向的偏差则在 6 cm 左右。

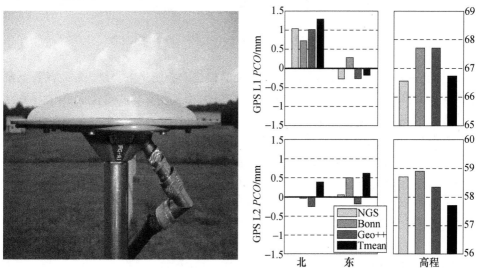

图 2.12　TRM55971.00 天线及其相位中心 PCO 标校值

　　天线相位中心位置除了会随接收到的卫星信号的高度角的不同而改变,也会随卫星方位角的变化而改变。图 2.13 和图 2.14(详见文后彩图)表示了 Trimble Zephyr 2(TRM55971.00)天线相位中心随高度角及方位角变化的图。可以看到天线相位中心的变化量级在毫米与厘米之间,如果忽略这些变化将导致毫米级到厘米级的基线观测误差,这种变化有时在高程方向上甚至会带来 10 cm 误差。

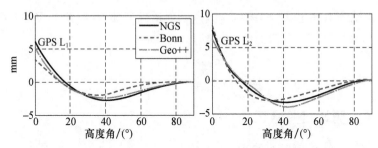

图 2.13　TRM55971.00 天线相位中心 PCV 随高度角变化值

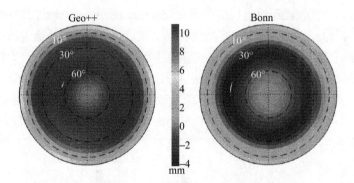

图 2.14　TRM55971.00 天线相位中心 PCV 随方位角变化值

　　与卫星天线 PCV 类似,与高度角相关的相位中心变化主要造成相对高程量测上的误差及测站间基线的尺度误差;而与方位角相关的相位中心变化则会导致水平位置上的误差,一般水平位置上的误差要比高程上误差小得多。

　　接收机天线相位中心与地面已知点不重合,需计算接收机相位中心相对于站坐标基点的改正值。不同方位和高度卫星的改正差异为几厘米。改正值可用接收机硬件的参数和仪器基点与站坐标点之间的联测值。做改正时需要已知测站坐标和偏心联测值 $\Delta \boldsymbol{r}_k = \boldsymbol{r}_k - \boldsymbol{r}_E$。其中,$\boldsymbol{r}_k$、$\boldsymbol{r}_E$ 分别表示地固系中接收机相位中心和基点的位置向量。接收机相位中心偏差常用局部坐标表示,即天线相位中心相对于基点的垂直方向偏差 ΔH、北方向偏差 ΔN 和东方向偏差 ΔE 表示,因此,必须通过旋转矩阵将局部坐标系中的偏心向量转换至地固系中,即

$$\Delta \boldsymbol{r}_k = \begin{bmatrix} \Delta E_k & \Delta N_k & \Delta H_k \end{bmatrix}^{\mathrm{T}} \tag{2.39}$$

$$\Delta \boldsymbol{r}_{ek} = R_H(270° - L) R_E(\varphi - 90°)\Delta \boldsymbol{r}_k = \begin{bmatrix} -\sin L & -\cos L\sin\varphi & \cos L\cos\varphi \\ \cos L & -\sin L\sin\varphi & \sin L\cos\varphi \\ 0 & \cos\varphi & \sin\varphi \end{bmatrix}\Delta \boldsymbol{r}_k$$

(2.40)

式中, L 和 φ 为测站的地心经纬度, $\Delta \boldsymbol{r}_{ek}$ 为接收机天线相位中心在地固系中的向量。

接收机相位中心偏差对观测距离的影响为

$$\Delta \boldsymbol{\rho}_k = \Delta \boldsymbol{r}_{ek} \cdot \hat{\boldsymbol{\rho}}$$

(2.41)

式中, $\hat{\boldsymbol{\rho}}$ 为测站至卫星方向在地固系下的单位矢量。

2. 潮汐修正

由于地球实际上是非刚体地球,在日月引力和地球自转、公转离心力共同作用下,地表已知点受潮汐作用会发生移动。其中主要受固体潮影响,海潮和大气潮改正可忽略。固体潮引起的测站位移约 0.5 m。固体潮引起的测站位移改正公式为

$$\Delta \boldsymbol{r}_s = \sum_{j=2}^{3} \frac{GM_j}{GM_e} \frac{R_e^4}{r_j^3}\left\{ 3l_2(\hat{\boldsymbol{R}}_e \cdot \hat{\boldsymbol{r}}_j)\hat{\boldsymbol{r}}_j + \left[\frac{3}{2}(h_2 - 2l_2)(\hat{\boldsymbol{R}}_e \cdot \hat{\boldsymbol{r}}_j)^2 - \frac{h_2}{2} \right]\hat{\boldsymbol{R}}_e \right\}$$

(2.42)

式中, GM_e 是地球引力常数, GM_j 为引潮天体引力常数($j = 2$ 时为月球, $j = 3$ 为太阳), $\boldsymbol{R}_e$、 $\boldsymbol{r}_j$ 分别为测站和引潮天体的地心位置(地固系), $\hat{\boldsymbol{R}}_e$、 $\hat{\boldsymbol{r}}_j$ 为对应的单位矢量, h_2 为 Love 数, l_2 为 Shida 数。

3. 硬件延迟改正

导航卫星系统地面接收机产生的信号基于不同频点。不同的频点伪距信号在不同频点存在接收链路时延,起点为接收机的钟面时,终点为接收机各频点天线相位中心。该定义为 IFB 参数,以北斗系统为例,IFB 定义为 B_1、 B_2 频点相对于 B_3 频点的接收链路时延差,即

$$\left. \begin{aligned} IFB_1 &= \tau_1^r - \tau_3^r \\ IFB_2 &= \tau_2^r - \tau_3^r \end{aligned} \right\}$$

(2.43)

4. 地球自转修正

由于地面接收机运动,或者固定在地球表面随地球自转一起运动,在地心地固坐标系中,伪距/相位观测方程需扣除信号传播时间段内接收机运动引起的位置变化,即地球自转修正。

设接收机在 t_j 时刻接收到卫星在 t_j 时刻发射的信号,则有

$$t = t_j + \frac{|\boldsymbol{r}(t) - \boldsymbol{r}_j|}{c} = t_j + \frac{|\boldsymbol{r}(t_j) + \boldsymbol{v} \cdot (t - t_j) - \boldsymbol{r}_j|}{c}$$

(2.44)

式中, $\boldsymbol{r}(t)$ 为接收机在 t 时刻位置, $\boldsymbol{r}_j$ 为卫星在 t_j 时刻位置, $\boldsymbol{v}$ 为接收机速度, c 为光速(m/s)。设 t_j 时刻卫星至接收机矢量为 $\boldsymbol{R} = \boldsymbol{r}(t_j) - \boldsymbol{r}_j$,不考虑地球自转产生的信号传播时延,有

$$t = t_j + \frac{|\boldsymbol{R}|}{c} \tag{2.45}$$

将式(2.45)代入式(2.44),并展开至一阶项有

$$t = t_j + \frac{|\boldsymbol{r}(t_j) + \boldsymbol{v} \cdot (t - t_j) - \boldsymbol{r}_j|}{c} = t_j + \frac{\boldsymbol{R} + \boldsymbol{v} \cdot (t - t_j)}{c} \approx t_j + \frac{|\boldsymbol{R}|}{c} + \frac{\boldsymbol{v} \cdot \boldsymbol{R}}{c^2} \tag{2.46}$$

则地球自转修正可写为

$$\Delta\rho_{\text{rot}} = \frac{\boldsymbol{v} \cdot \boldsymbol{R}}{c} = \frac{(\boldsymbol{\omega} \times \boldsymbol{r}(t_j)) \cdot \boldsymbol{R}}{c} \tag{2.47}$$

式中,$\boldsymbol{\omega}$ 为地球自转角速度。

5. 设备延迟改正

时差测量所有的观测设备所测得的时延都包含有设备时延误差。如果不能准确标校,则设备时延将包含于时差之中。时差测量接收机的时延示意如图2.15所示。图2.15中,外接频率及1 PPS来自外接的时间频率信号实验室,该信号在接收中的延迟为时延 A,可通过微波暗室模拟信号源的方式进行标定;观测信号从天线接收到接收机的延迟为时延 B,也可采用模拟信号进行标定;卫星空间信号到达天线的时延为 C,且对于不同卫星导航系统各不相同。

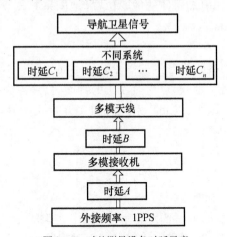

图 2.15　时差测量设备时延示意

6. 多路径延迟改正

如图2.16所示,GNSS天线所接收到的信号是由直接信号和由周围反射物反射或衍射的信号叠加的电磁波所组成,这种多种路径的信号相互混淆的现象就叫作多路径现象,其影响称为多路径效应。在多数时候,反射多路径影响要强于衍射多路径影响。多路径效应会使波形失真并使输出相位、码元和信号强度发生偏移。

多路径与接收机周围的环境有关,特别是与反射体的几何形状和位置有关。

在大多数的静态观测中,几何环境可认为不变,这时多路径效应和时间无关。所以在假设接收机周围环境不变的情况下,多路径相位和振幅畸变因子只与天空中的卫星位置有关,卫星位置确定后,相位和振幅畸变因子也确定了,与直射信号的振幅和相位无关。

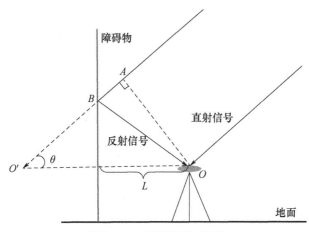

图 2.16　垂直面反射的多路径

　　多路径的存在,降低了码伪距和载波相位观测值的测量精度,进而影响 GNSS 导航与定位的精度。进行静态 GNSS 观测时,通常会选择低多路径环境作为测站位置,但是完全无多路径的作业环境是不存在的,并且有时可供选择的场地并不多,不一定能选择低多路径的场址。而动态 GNSS 测量观测环境可能随时在变,根本无法保证在低多路径环境下作业。因此有必要对多路径进行抑制和消除。目前对多路径抑制与消除方法主要可分为两大类,一类是通过对接收机硬件或内部算法的设计与改进,另一类是通过对观测数据的后处理。以下对两大类方法分别举例介绍。

基于改进接收机硬件或内部算法抑制或消除多路径的方法:

(1)设计右旋圆极化接收天线。GPS 信号为右旋圆极化信号,而信号经过奇数次反射后,变为左旋圆极化信号,将接收机极化方式设计成与 GPS 信号极化方式一致,可以有效抑制经奇数次反射的多路径信号。然而,经偶数次反射的信号能量衰减程度一般较大,即使被接收,其影响也相对较小。

(2)设计扼流圈天线。该设计减小了天线对地平线以下空间方向上及低仰角区的增益,因此能有效减弱来自地面及低仰角散射体的多路径信号。

(3)窄距相关(narrow correlation spacing)。在其他条件相同的情况下,若减小码伪距测量时的相关器间距,将有利于码环抑制多路径效应,减小由多路径造成的码伪距测量误差。

（4）多路径消除技术（multipath elimination technology，MET）。利用对称分布在自相关函数主峰两侧的四个相关器（每侧各两个），根据两侧计算的斜率推导出多路径信号情况，然后进行消除。

（5）多路径估计延迟锁定环路（multipath estimation delay lock loop，MEDLL）。这种方法是通过一组相关器采样和测量自相关函数主峰来分离直射信号与反射信号。测试表明，该方法能消除高达 90% 的多路径误差。

基于观测数据的后处理方法多路径处理方法包括：

（1）SNR 定权。SNR 能反映信号质量，一般认为多路径误差大时，SNR 值较小；而当多路径误差小时，SNR 值较大。因此，在 GNSS 定位解算时，根据 SNR 对观测值进行定权，可以有效地减弱多路径对定位结果的影响。

（2）载波相位平滑码伪距。从前述可知，多路径对码伪距观测值的影响远大于对载波相位观测值的影响，因此通过载波相位平滑码伪距可以有效地降低伪距中的多路径误差。

（3）恒星日滤波（sidereal filtering, SF）。GPS 卫星的运行周期约为 11 h 58 min，考虑到地球的自转，对于地面上固定的某一测站，GPS 卫星每隔约一个恒星日（23 h 56 min 04 s）的时间将重现在测站上空同一位置，或者说卫星每天提前约 4 min 出现在同一位置。对于固定的测站，假设测站周边环境不变，多路径误差跟卫星相对于测站的几何位置相关，因此认为多路径也是以恒星日为周期，利用这一规律，可以用前一天或几天的多路径值来修正当前观测值，这一方法称为恒星日滤波。前一天或几天的多路径值可通过计算后的观测值残差或坐标残差获取（分别对应观测值域和坐标域的恒星日滤波），其中残差包含多路径误差与接收机噪声，一般通过各种滤波手段，如巴特沃斯滤波、Vondrak 滤波及小波分解等分离多路径误差与接收机噪声。当利用多天数据时，可以通过多天对应时刻残差值取平均的方法降低噪声对多路径估值的影响。

（4）多路径半天球图法（multipath hemisphere map，MHM）。不同卫星经过同一半天球位置时，所产生的多路径误差值比较接近。基于这一事实，多路径半天球图法根据测站位置，将测站上空半天球按高度角和方位角以一定的间隔（一般取 $1° \times 1°$）划分成网格，将落入每一格的所有卫星的残差值取平均值，作为这一格点的多路径改正值。这一方法突破了改正时必须卫星号对应的限制（例如改正某卫星的观测数据，不仅可利用该卫星前一天或几天在同一个格点的数据，还可以利用经过该格点的其他卫星的多路径数据），该方法相对简单。值得一提的是，对于中国北斗系统，其星座由多类卫星组成，MEO 与 IGSO 或 GEO 的重复周期并不相同，使用恒星日滤波（北斗卫星不是以恒星日周期重复，这里指的是采用恒星日滤波思想，根据实际的重复周期滤波）相对复杂，而采用多路径半天球图法相对易于实现。

7. 接收机钟差改正

由于考虑成本等因素,接收机钟不像安装在卫星上的原子钟那样昂贵和高精度,一般采用石英钟,其钟差数值大、变化快,并且变化的规律性弱,很难模型化。对于接收机钟误差,一般将其作为未知参数与位置参数一并在解算过程中估计,并且由于每个观测时刻接收机钟误差不同,在各历元分别使用不同的钟差参数。若仅从定位角度考虑,可以通过星间单差将接收机钟误差消除,然后进行定位解算。当钟差累积到一定的数值时,有的接收机会自动调整,产生所谓的"钟跳"。图 2.17 所示的为由某型号接收机采集的数据计算的接收机钟误差,对于该接收机,当钟差达到 -0.5 ms 时,接收机钟会自动调整 1 ms,以使钟误差始终保持在 $-0.5 \sim 0.5$ ms。值得注意的是,钟跳时测码伪距观测值将突变约 300 km,因此较为容易探测出钟跳发生时刻。

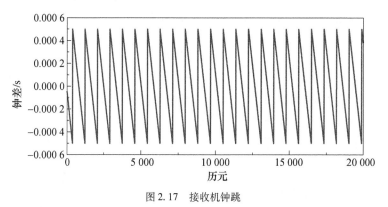

图 2.17　接收机钟跳

§2.4　时差性能指标评定

2.4.1　时差准确度

时间准确度也可称为相位准确度,将相对频率偏差 $y(t)$ 对时间 t 进行积分便得到时间偏差 $x(t)$,即钟输出时间与标称(参考)时间的差值为

$$x(t) = \int_0^t y(t)\mathrm{d}t = \frac{\phi(t)}{2\pi f_0} \tag{2.48}$$

准确度是测量值或者计算值与定义值(真实值)之间的符合程度,在时差测量中经常用两者的偏差表示。其中真实时差值可用时间间隔计数器(TIC)测量,测量方式如图 2.18 所示。时间间隔计数器的核心是一台高稳定度的晶体振荡器,它连续发出等间隔的脉冲信号。计数器的电子闸门受外输入信号控制,一个参考的秒信号打开闸门,开始计数;另一个参考的秒信号关闭闸门,停止计数。计数器显

示的读数就是两个时频信号之间的钟差。

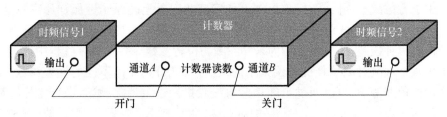

图 2.18　时差测量计数器示意

　　以上时差真实值只能在实验室进行。时差测量的对象一般在短时间内具有较好的物理性能,可以通过多项式等方法进行拟合。基于以上特性,实际测量时时差的准确度更多地采用不确定度进行表示。不确定度一般测量的是随机误差(A类不确定度),其通过统计时差测量序列获取标准偏差 STD 方式计算,即

$$STD = \sqrt{\dfrac{\sum_{i=1}^{n}(x_i - \overline{x})^2}{n-1}} \tag{2.49}$$

式中,x_i 表示时差原始数据,$\overline{x}$表示具有更高精度的测量手段(如高精度后处理、拟合平滑等)获得的时差结果,n 表示采样数。

　　而对于时差预报的准确度精度统计,则只需要将以上公式中的$\overline{x}$替换成采用预报值。

2.4.2　频率准确度

　　频标振荡器的输出信号 $V(t)$ 可表示为

$$V(t) = V_0 \sin(2\pi f_0 t + \phi(t)) \tag{2.50}$$

式中,f_0 为频标振荡器的标称频率,$\phi(t)$ 为相位残差,V_0 为信号振幅。相对频率偏差是频标振荡器所产生的实际振荡频率 f 与其标称频率 f_0(理论值)之间的相对偏差 $y(t)$,即

$$y(t) = \frac{f(t)-f_0}{f_0} = \frac{1}{2\pi f_0} \cdot \frac{\mathrm{d}\phi(t)}{\mathrm{d}t} \tag{2.51}$$

相对频率偏差 $y(t)$ 与时间偏差 $x(t)$ 之间的关系为

$$y(t) = \frac{\Delta f}{f_0} = \frac{\Delta T}{T_0} = \frac{x(t_2)-x(t_1)}{t_2-t_1} \tag{2.52}$$

　　相对频率偏差是时间的函数,可简称为频率数据。频率准确度指的是一段时间内的最大相对频率偏差,即频率准确度 $a = \max |y(t)|_{t_1 \leq t \leq t_2}$,频率准确度是反映钟速特征的重要技术指标。

2.4.3 频率稳定度

频率稳定度反映频标在一定时间间隔内输出频率的随机变化程度,可用于确定频标在不同时间段上的噪声类型及噪声系数,进而分析频标时间误差随时间的变化情况。频率稳定度既可在时域内描述,也可在频域内描述。常用的时域稳定性分析方差为阿伦(Allan)方差与阿达马(Hadamard)方差。

1. Allan 方差

Allan 方差又称为双样本方差,其定义为

$$
\begin{aligned}
\text{AVAR}: \sigma_y^2(\tau) &= \frac{1}{2(N_m - 1)} \sum_{i=1}^{N_m - 1} (\overline{y}_{i \cdot m + 1} - \overline{y}_{(i-1) \cdot m + 1})^2 \\
&= \left\langle \frac{(\overline{y}_{i \cdot m + 1} - \overline{y}_{(i-1) \cdot m + 1})^2}{2} \right\rangle \\
&= \langle s^2(N = 2) \rangle
\end{aligned}
\tag{2.53}
$$

式中,$\langle \cdot \rangle$ 为期望运算,$\tau = m\tau_0$ 为平滑时间,$N_m = \lfloor N/m \rfloor$,$\lfloor \cdot \rfloor$ 表示取整,$\overline{y}_i = \frac{1}{m} \sum_{j=i}^{i+m-1} y_j$。Allan 方差存在多种形式,如 Overlapping Allan 方差、Modified Allan 方差及 Total Allan 方差。Allan 方差的 Overlapping 形式是指计算 Allan 方差的子样本存在重叠,其定义为

$$
\text{AOver}: \sigma_y^2(\tau) = \frac{1}{2(N - 2m + 1)} \sum_{i=1}^{N - 2m + 1} (\overline{y}_{i+m} - \overline{y}_i)^2
\tag{2.54}
$$

Overlapping Allan 方差利用重叠技术,使得在计算方差估计量时,能够利用数据集合中的所有可能组合从而改进方差估值置信度。Modified Allan 方差是在 Overlapping Allan 方差的基础上,增加了一项平均运算,可以用来区分相位白噪声和相位闪变噪声,即

$$
\begin{aligned}
\text{AMod}: \sigma_y^2(\tau) &= \frac{1}{2(N - 3m + 2)} \sum_{i=1}^{N - 3m + 2} \left[\frac{1}{m} \sum_{j=1}^{m} \overline{y}_{i+j+m-1} - \frac{1}{m} \sum_{j=1}^{m} \overline{y}_{i+j-1} \right]^2 \\
&= \frac{1}{2m^2(N - 3m + 2)} \sum_{i=1}^{N - 3m + 2} \left[\sum_{j=1}^{m} (\overline{y}_{i+j+m-1} - \overline{y}_{i+j-1}) \right]^2
\end{aligned}
\tag{2.55}
$$

Total Allan 方差计算式为

$$
\text{ATot}: \sigma_y^2(\tau) = \frac{1}{2(N - 1)} \sum_{i=2}^{N} [\overline{y}_i^{\#}(m) - \overline{y}_{i-m}^{\#}(m)]^2
\tag{2.56}
$$

Total Allan 方差与 Allan 方差的期望值相同,但是当平均时间较长时,Total Allan 方差的置信度要高。

2. 动态 Allan 方差 DAVAR

动态 Allan 方差(dynamic Allan variance, DAVAR)能够表述钟稳定度的时变特征,一般用于探测钟稳定度变化,识别钟特征的异常现象。最常用的动态

Allan 方差 $\sigma_y^2(t,\tau)$ 是在钟差数据序列时间长度为 T 的滑动窗口中计算 Allan 方差。如图 2.19 所示，首先，以时刻 t 为中心建立时间长度为 T 的滑动时间窗口，截取时间偏差数据 $x_T(t)$，其次计算 $x_T(t)$ 序列的 Allan 方差 $\sigma_y^2(t,\tau)$，然后将时间窗口滑动到下一时刻重复上述步骤，所有滑动窗口 Allan 方差的集合即为动态 Allan 方差。假定钟差数据 $\{x_i, i=1,2,\cdots,N\}$，动态 Allan 方差的计算式为

$$\text{DAVAR}: \sigma_y^2[n,m] = \frac{1}{2m^2\tau_0^2} \frac{1}{N_W - 2m} \sum_{i=n-N_W/2+m}^{n+N_W/2-m-1} (x_{i+m} - 2x_i + x_{i-m})^2 \quad (2.57)$$

式中，$n = t/\tau_0$ 为钟差数据的第 n 个样本点，$m = \tau/\tau_0$ 为要求取 Allan 方差的平均时间 τ 所对应的样本数目，N_W 为滑动窗口时间 T 所对应的样本数目。动态 Allan 方差在 Allan 方差的基础上引入了时间维，是表述钟稳定度时变特征的三维表面。如果钟特征参数没有出现异常，动态 Allan 方差表面是平稳的；如果钟特征参数出现异常，则动态 Allan 方差表面会随时间发生变化，变化形状与异常的类型有关，利用动态 Allan 方差估值置信度以及异常探测表面即可识别所发生的钟异常现象。

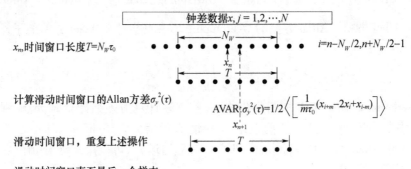

图 2.19　动态 Allan 方差

3. Hadamard 方差

Hadamard 方差为三样本方差，不受线性频漂的影响，其定义式为

$$\text{HVAR}: \sigma_y^2(\tau) = \frac{1}{6(N_m-2)} \sum_{i=1}^{N_m-2} (\bar{y}_{(i+1)\cdot m+1} - 2\bar{y}_{i\cdot m+1} + \bar{y}_{(i-1)\cdot m+1})^2 \quad (2.58)$$

与 Allan 方差类似，Hadamard 方差也存在多种形式：Overlapping Hadamard 方差及 Modified Hadamard 方差，其计算式分别为

$$\text{HOver}: H\sigma_y^2(\tau) = \frac{1}{6(M-3m+1)} \sum_{i=1}^{M-3m+1} (\bar{y}_{i+2m} - 2\bar{y}_{i+m} + \bar{y}_i)^2 \quad (2.59)$$

$$\text{HMod:}Ho_y^2(\tau) = \frac{1}{6(N-4m+2)}\sum_{i=1}^{N-4m+2}\left[\frac{1}{m}\sum_{j=i}^{i+m-1}(\overline{y}_{j+2m}-2\overline{y}_{j+m}+\overline{y}_j)\right]^2$$

$$= \frac{1}{6m^2(N-4m+2)}\sum_{i=1}^{N-4m+2}\left[\sum_{j=i}^{i+m-1}(\overline{y}_{j+2m}-2\overline{y}_{j+m}+\overline{y}_j)\right]^2$$

$$(2.60)$$

Hadamard 方差利用镜像扩展计算 Total Hadamard 方差时,其扩展方式与 Allan 方差的扩展略有不同。Total Hadamard 方差扩展不是对总体的相对频率偏差数据序列 $\{y_i, i=1,2,\cdots,N\}$ 进行扩展,而是对每一个样本数目为 $3m$ 的子样本 $\{y_n, n=i,\cdots,i+3m-1\}$ 进行镜像扩展,生成样本数目为 $9m$ 的扩展子样本,计算子样本的 Overlapping Hadamard 方差,最后求取 $N-3m+1$ 个子样本 Overlapping Hadamard 方差的均值,即为 Total Hadamard 方差,其计算式为

$$\text{HTot:}Ho_y^2(\tau) = \frac{1}{6(N-3m+1)}\sum_{i=1}^{N-3m+1}\left(\frac{1}{6m}\sum_{j=i-3m}^{i+3m-1}(^{\circ}H_j^{\#}(m))^2\right) \quad (2.61)$$

式中,$^{\circ}H_j^{\#}(m)$ 为新的扩展序列构成的双差序列,$1\leq m\leq\lfloor N/3\rfloor$。

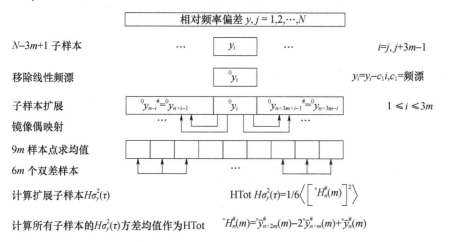

图 2.20　Total Hadamard 方差计算步骤

2.4.4　幂律谱模型

在频域中通常用幂律谱模型来描述频标输出频率的稳定度,其定义式为

$$S_y(f) = \sum_{\alpha=-4}^{2}h_\alpha f^\alpha \quad (0\leq f\leq f_h) \quad (2.62)$$

式中,h_α 为频率数据的噪声谱密度系数,f_h 为高端截止频率,与时间序列的采样时间 τ_0 有关,一般要求 $f_h>1/\tau_0$。幂律谱模型也可用相位数据功率谱密度进行描述,由于相位数据是频率数据的时间积分,因此相位数据表示的幂律谱模型为

$$S_x(f) = \frac{S_y(f)}{(2\pi f)^2} = \sum_{\alpha=-6}^{0} k_\beta f^\beta \qquad (0 \leqslant f \leqslant f_h) \qquad (2.63)$$

式中,k_β 为相位数据的噪声谱密度系数,k_β 与 h_α 之间的关系式为

$$h_\alpha = 4\pi^2 k_{\alpha-2} = 4\pi^2 k_\beta, \alpha = \beta + 2 \qquad (2.64)$$

如表 2.3 所示,当 α 取不同的数值时,对应噪声类型各不相同(Allan,1987;Gotta et al,2004;Howe et al,2005)。当 α 在 $-4 \sim 2$ 的整数上变化时,依次对应调频随机奔跑噪声(RRFM)、调频闪变游走噪声(FWFM)、调频随机游走噪声(RWFM)、调频闪变噪声(FLFM)、调频白噪声(WHFM)、调相闪变噪声(FLPM)及调相白噪声(WHPM)。频域的幂律谱噪声与时域的方差估计量之间存在关系,假定 τ 为平均时间,且 $S_y(f) \sim f^\alpha$、$\sigma_y^2(\tau) \sim \tau^{\mu/2}$,则 $\mu = -\alpha - 1$,$-4 \leqslant \alpha \leqslant 1$。

表 2.3　幂率噪声类型及其时频域稳定度

噪声	简写	α	μ	Allan 方差
调相白噪声(White PM)	WHPM	2	-3	$a_2\tau^{-3/2}$
调相闪变噪声(Flicker PM)	FLPM	1	-2	$a_1\tau^{-1}$
调频白噪声(White FM)	WHFM	0	-1	$a_0\tau^{-1/2}$
调频闪变噪声(Flicker FM)	FLFM	-1	0	$a_{-1}\tau^0$
调频随机游走噪声(Random Walk FM)	RWFM	-2	1	$a_{-2}\tau^{1/2}$
调频闪变游走噪声(Flicker Walk FM)	FWFM	-3	2	
调频随机奔跑噪声(Random Run FM)	RRFM	-4	3	

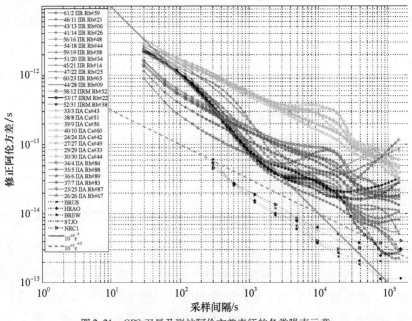

图 2.21　GPS 卫星及测站阿伦方差表征的各类噪声示意

根据以上对应关系,Senior 等(2008)给出了 GPS 卫星及地面参考站钟差的噪声特性,从图 2.21(详见文后彩图)中可以看到,GPS 卫星的铯钟在 4 000 s 之前都呈现出与 $\tau^{-\frac{1}{2}}$ 一致的特性,也即表现出频率随机游走噪声(RWFM)特性。Block IIR and IIR-M的 Rb 钟的噪声特性在较短的平滑周期内也表现出频率随机游走噪声(RWFM)特性,而在平滑时间从 100 s 到 2 000 s 左右,呈现出调频闪烁噪声(FLFM)特性。

第3章 伪距时差测量

伪距时差测量是指利用接收机观测到的伪距观测数据进行时差测量的方式。常用的单站定时算法、卫星共视算法、卫星全视算法均属于这种方式。

§3.1 伪距平滑

伪距观测值获取的是星地几何距离,因此对其数据处理获取时差较为简便。然而伪距观测存在较大噪声,一般需要进行平滑以提高精度。伪距平滑方法主要包括伪距多历元平滑、相位平滑伪距等。

3.1.1 伪距观测噪声

由于伪距观测存在较大噪声,直接由原始伪距观测值计算的时差值精度较差,为分析伪距观测值的噪声,利用了坐标已知的 IGS 参考站——上海佘山 GPS 测站采样率为 1 s 的数据。分析过程中,扣除相位中心、潮汐等改正项,固定 IGS 提供的精密 GPS 轨道及卫星钟差(其精度优于 2 cm),对流层误差采用精确的对流层延迟估计值进行改正。在扣除了以上改正项后,主要误差为电离层误差,采用双频无电离层组合进行消除。通过以上处理,扣除精确计算的理论星地距离,伪距观测值的误差主要由观测噪声引起。

图 3.1 为佘山 GPS 测站 2012 年年积日 298 天对所有卫星的伪距残差。可见残差分布呈随机分布状态,统计的伪距噪声超过了 0.7 m。

3.1.2 伪距多历元平滑

为提高伪距时差测量的精度,需要对伪距观测值进行平滑。根据卫星受摄动力变化的特性,卫星较短时间内的轨迹可用多项式进行拟合,从而短时间内多个历元的观测值也可以通过拟合降低噪声。基于该原理 USNO 对 GPST 与 UTC (USNO)时差的监测,其定义的伪距观测平滑弧段为 13 min,采样率为 1 s,每15 s 一组,从而每个弧段用于平滑的伪距观测点数为 52 组,拟合的函数模型为线性函数。在此基础上,BIPM 也采用了该方法,并定期发布以通用 GPS/GLONASS 时间传递标准 CGGTTS(common GPS GLONASS time transfer standard)为标准格式的产品。

采用佘山 GPS 测站 2012 年年积日 298 天的数据,用二次多项式进行观测值的

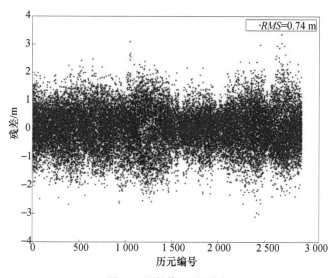

图 3.1　原始伪距测量噪声

拟合,设定每次拟合弧长为 30 s。取二次多项式拟合的中间时刻,求得该时刻拟合好的观测数据。每拟合完一次,数据往后滑动 1 s,并形成新的单天观测数据文件。对新的伪距观测数据进行分析,统计伪距残差,结果如图 3.2 所示。通过多历元平滑后的伪距残差比原始伪距残差噪声有所减小,残差分布呈随机分布状态,统计的噪声约为 0.5 m。

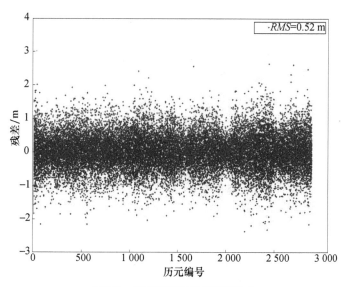

图 3.2　多历元平滑后伪距测量噪声

3.1.3 相位平滑伪距

相位平滑伪距是利用高精度的相位观测值对伪距进行平滑修正,主要包括基于伪距相位求差 CNMC 递推算法及 Hatch 滤波处理算法。

1. 基于伪距相位求差 CNMC 递推算法

基于伪距相位求差 CNMC 递推算法是通过相同历元不同频点高精度相位观测值的差值,提高伪距观测的精度。不同频点相位观测值作差能够获取电离层及模糊度参数的精确组合值,将此差值改正到伪距观测值上完成伪距观测值的平滑。

根据第 2 章的介绍,测站 i 对 GPS 卫星 j 的伪距和相位观测方程为

$$P = \rho - c \cdot \delta t_i + c \cdot \delta t^j + T + I + \varepsilon$$
$$L = \rho - c \cdot \delta t_i + c \cdot \delta t^j + T - I + N + \zeta \tag{3.1}$$

式中,P 为伪距观测值,ρ 为卫星到接收机的几何距离,δt_i、δt^j 分别为接收机、卫星钟差,T、I 分别为对流层延迟误差、电离层延迟误差,N 为模糊度参数,ε、ζ 为残余误差,i 表示接收机号,j 表示卫星号。

将以上观测方程求差,能够获取伪距相位观测值的差值,即

$$P - L = 2I - N + \zeta \tag{3.2}$$

可以看出,伪距相位观测值的差值包含了 2 倍的电离层及模糊度参数。其中,电离层延迟改正可通过双频载波相位差分观测量计算,L_1、L_2 双频载波相位观测量之差为

$$L_{1-2} = I_2 - I_1 + N_{1-2} + TGD_{1-2} = -\frac{40.28(f_1^2 - f_2^2)}{f_1^2 f_2^2} sTEC + B_{1-2} \tag{3.3}$$

式中,B_{1-2} 包含了相位的频率间偏差和双频整周模糊度之差,在没有周跳的前提下为常数,从而可得到 L_1、L_2 频点的电离层延迟为

$$I_1 = -\frac{40.28}{f_1^2} sTEC = \frac{f_2^2}{f_1^2 - f_2^2}(L_{1-2} - B_{1-2}) \tag{3.4}$$

$$I_2 = -\frac{40.28}{f_2^2} sTEC = \frac{f_1^2}{f_1^2 - f_2^2}(L_{1-2} - B_{1-2}) \tag{3.5}$$

式中,$sTEC$ 为斜路径电离层延迟误差,实际上由于 B_{1-2} 是未知的,因此无法直接获取电离层延迟。但是由于相位观测精度高,所以通过以上求得的电离层精度具有相位的精度。

由此,伪距相位观测值之差的关键在于求取 B_{1-2}。定义 $PLb = \frac{2B_{1-2}}{f_1^2 - f_2^2}$,在精确获取了 PLb 后,将其从式(3.4)、式(3.5)中扣除,可得到不含系统差的电离层改正,从而伪距相位观测值的差值式(3.2)可写为

$$PL_1 = P_1 - L_1 - 2\frac{f_2^2}{f_1^2 - f_2^2}L_{1-2} + f_2^2 PLb$$

$$PL_2 = P_1 - L_1 - 2\frac{f_1^2}{f_1^2 - f_2^2}L_{1-2} + f_1^2 PLb$$

(3.6)

其中任意历元 PLb 可采用递推的方法获取,对于 L_1 频率,初始历元 t_0 条件为

$$\left.\begin{array}{l} f_2^2 PLb(t_0) = P_1(t_0) - L_1(t_0) - 2\dfrac{f_2^2}{f_1^2 - f_2^2}L_{1-2}(t_0) \\ PL_1(t_0) = 0 \end{array}\right\}$$

(3.7)

而在 t_i 时刻,PLb 及 PL 表示为

$$\left.\begin{array}{l} f_2^2 PLb(t_i) = f_2^2 PLb(t_{i-1}) + \dfrac{1}{N}\Big[P_1(t_i) - L_1(t_i) + \\ \qquad f_2^2 PLb(t_{i-1}) - 2\dfrac{f_2^2}{f_1^2 - f_2^2}L_{1-2}(t_i) \Big] \\ PL_1(t_i) = P_1(t_i) - L_1(t_i) - 2\dfrac{f_2^2}{f_1^2 - f_2^2}L_{1-2}(t_i) + f_2^2 PLb(t_i) \end{array}\right\}$$

(3.8)

采用佘山 GPS 测站的数据对 CNMC 实时修正效果进行分析。统计新的伪距观测数据的残差,结果如图 3.3 所示。通过 CNMC 平滑后的伪距残差比原始伪距残差噪声大大减小,呈现比原始观测更为平滑的结果。残差分布整体呈随机分布状态,统计的噪声约为 0.1 m。图中也可以看到有极少量残差较大的散点,这主要是 CNMC 算法处理需要一定的初始化时间,随着时间积累,伪距多径误差和随机噪声被逐渐平滑。

2. Hatch 滤波处理算法

Hatch 滤波采用相位观测值历元间变化对伪距观测值进行平滑。首先采用双频消电离层组合,消除电离层误差的影响,获取组合的伪距、相位观测数据。在相位观测值无周跳的情况下,计算无电离层组合观测值历元间差分观测值,获取观测值随历元高精度的变化量。由于不存在周跳,并且其他误差改正对伪距、相位相同,可将此变化量改正到伪距观测值上以提高伪距观测精度。同时为减少初始历元伪距偏差带来的影响,可采用逐历元递推的方法进行计算(范士杰 等,2007),即

$$\left.\begin{array}{l} \overline{P}_{LC}^j(t_i) = \dfrac{1}{i}P_{LC}^j(t_i) + \Big(1 - \dfrac{1}{i}\Big)\big(\overline{P}_{LC}^j(t_{i-1}) + L_{LC}^j(t_i) - L_{LC}^j(t_{i-1})\big) \\ \overline{P}_{LC}^j(t_1) = P_{LC}^j(t_1) \end{array}\right\}$$

(3.9)

式中,$P_{LC}^j(t_i)$、$L_{LC}^j(t_i)$ 分别为历元 t_i 的消电离层组合的伪距观测值和相位观测值,$\overline{P}_{LC}^j(t_{i-1})$ 为前一历元 t_{i-1} 的伪距平滑值,初始历元的相位平滑伪距由伪距表示。当周跳发生时,相位平滑伪距需要进行重新初始化。

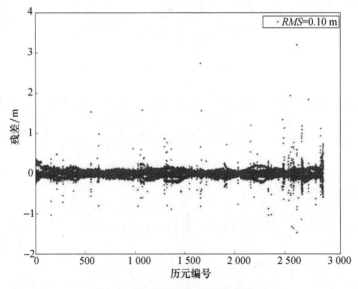

图 3.3 CNMC 处理后的伪距测量噪声

　　同样采用佘山 GPS 测站的数据对 Hatch 滤波实时修正效果进行分析。统计新的伪距观测数据的残差,结果如图 3.4 所示。通过 Hatch 滤波平滑后的伪距残差比原始伪距残差噪声大大减小,呈现比原始观测更为平滑的结果。残差分布整体呈随机分布状态,统计的噪声为 0.15 m,与 CNMC 滤波效果相近。图中也可以看到有极少量残差较大的散点,这主要是平滑算法处理需要一定的初始化时间,随着时间积累,伪距多径误差和随机噪声被逐渐平滑。

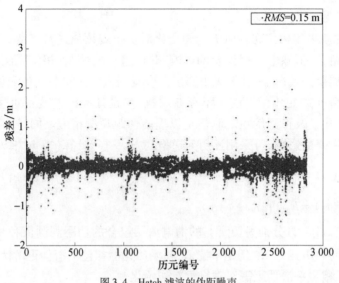

图 3.4 Hatch 滤波的伪距噪声

§3.2　单系统伪距时差测量算法

3.2.1　单站定时算法

单站定时算法是最常用的时差测量数据处理方法。其处理流程如下：

（1）选取一定弧长的观测数据，采用伪距多历元平滑的方法对观测数据进行平滑，并获取中间时刻的伪距观测值。

（2）对该平滑的伪距观测值进行误差改正。改正量包括星地几何距离、电离层延迟、对流层延迟、Sagnac 效应、卫星相对论效应、TGD 参数及接收机、天线及电缆等设备时延。获取卫星钟相对于测站外接时频信号的差值。

（3）利用广播星历参数，采样二次多项式进行卫星钟差改正，获取导航系统时间相对于测站外接时频信号的差值。

（4）以上获得了一个历元的观测量，按照指定的数据弧长进行滑动，得到相应的时差序列。

（5）对以上时差序列进行线性拟合，获取指定时刻的时差值。

按照以上流程，USNO 定义了 GPST 与 UTC（USNO）时差监测的规范，同时国际时间计量局 BIPM 也定义了基于卫星共视的 UTC 及 TAI 综合的规范。两者原理基本相近，其采样数据及滑动示意如图 3.5 所示。可以看到其观测数据拟合所采取的弧长为 15 s，每 15 s 为一组。在获取该组时差值后，往后滑动 15 s 进行下一组处理。在处理完 52 组（即 13 min）数据后，对 52 组时差序列进行线性拟合，得到第 390 s 时刻的时差值。

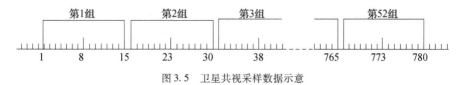

图 3.5　卫星共视采样数据示意

通过以上处理，得到测站在指定时刻相对于一颗卫星的时差。假设测站上的 GPS 接收机实际钟差为 CLK，利用以上方法得到 GPST 下的测站钟差为 CLKG。接收机外接时频信号 UTC(i)，从而能够直接获取 UTC(i) 下的钟差 CLKU，则有时差观测值 TO_obs，即

$$
\begin{aligned}
TO\_obs &= CLKG - CLKU \\
&= (CLK - GPST) - (CLK - DL - UTC(i)) \\
&= UTC(i) - GPST + DL
\end{aligned}
\tag{3.10}
$$

式中，DL 为接收机的硬件延迟偏差，可通过实验室进行精确标定。由于时差测量

接收机外接了 $UTC(i)$ 的时频信号,因此以上推导的时差测量值 TO_obs(即为测站钟差 δt_i)扣除硬件延迟偏差 DL 即为时频实验室与系统时间的时差 $TO(i)$。GPS系统即采用以上方法在主控站进行 GPST 与 UTC(USNO) 的时差监测。

若采用 GLONASS 导航系统的信号,则可基于 TO_obs 计算外接信号 $UTC(i)$ 与GLONASST 的时差 $UTC(i)-GLONASST$,即

$$
\begin{aligned}
TO\_obs &= CLKG - CLKU \\
&= (CLK - GLONASST) - (CLK - DL - UTC(i)) \\
&= UTC(i) - GLONASST + DL
\end{aligned} \tag{3.11}
$$

为方便阐述,本书后述标注时差值,都直接扣除了接收机硬件延迟偏差 DL。

3.2.2 卫星共视算法

如果两个测站 A、B 对同一颗卫星存在共视,且分别外接时频信号 $UTC(A)$、$UTC(B)$。将两个测站与该卫星的时差 $TO(i)$ 相减即可获得两个测站的时差值 $TO(A,B)$,即

$$
\begin{aligned}
TO(A,B)\big|_j &= TO(A)\big|_j - TO(B)\big|_j \\
&= [UTC(A) - GNSST]\big|_j - [UTC(B) - GNSST]\big|_j \\
&= UTC(A) - UTC(B)
\end{aligned} \tag{3.12}
$$

式中,$GNSST$ 为 GNSS 系统时间,符号 $|_j$ 代表利用卫星 j 获取时差值。从式(3.12)可知,两个测站的接收机钟差的差值直接代表了两个外接时频信号的差值。这也是 BIPM 采用共视法在不同时频实验室进行比对的方法。如果存在 N 颗共视卫星,则取平均以提高精度和可靠性,即

$$
TO(A,B) = \frac{1}{N}\sum_{j=1}^{N} TO(A,B)\big|_j \tag{3.13}
$$

以上处理中伪距的平滑采用的是伪距多历元平滑的方法,没有采用相位数据。若采样基于相位平滑的方法,精度将进一步提高。

3.2.3 卫星全视算法

采用卫星全视算法两个测站不需要共视,并且能够克服中间站比对代入的误差。全视法在每个测站上对观测到的所有卫星进行处理,获得测站在指定时刻相对于所有卫星的时差。测站 A 上外接的 $UTC(A)$ 与卫星系统时间 $GNSST$ 的时差,表示为

$$
TO(A)\big|_j = CLKG - CLKU(A) = UTC(A) - GNSST \tag{3.14}
$$

在此基础上可按照卫星高度角进行加权处理,即

$$
TO(A) = \sum_{j=1}^{N}\left[w_j \cdot TO(A)\big|_j\right]\Big/\sum_{j=1}^{N} w_j \tag{3.15}
$$

式中，w_j 为卫星权矩阵，

$$w_j = \begin{cases} 1, & e_j > 30° \\ 2\sin e_j, & e_j \leqslant 30° \end{cases} \tag{3.16}$$

式中，e_j 为卫星高度角。

在分别获得测站 A、B 的时差值（即每个测站相对于 GNSST 等系统时的时差，也即扣除了接收机硬件延迟偏差的测站钟差）后，作差求取两个测站的时差值，即

$$TO(A,B) = \sum_{j_1=1}^{N_1} \left[w_{j_1} \cdot TO(A)\big|_{j_1} \right] \Big/ \sum_{j_1=1}^{N_1} w_{j_1} - \sum_{j_2=1}^{N_2} \left[w_{j_2} \cdot TO(B)\big|_{j_2} \right] \Big/ \sum_{j_2=1}^{N_2} w_{j_2} \tag{3.17}$$

式中，卫星 j_1、j_2 分别为两个测站观测到的卫星编号，N_1、N_2 分别测站 A、B 观测到卫星个数，w_{j_1}、w_{j_2} 为每颗卫星的权矩阵。

3.2.4　基于参数估计的伪距时差测量

以上时差测量数据中，直接采用模型扣除对流层误差的影响，并通过线性拟合的方法获取时差。由于模型精度的限制，一般不采用低高度角卫星的观测值。对流层参数在定位中一般作为参数进行估计，时差测量数据处理中也可采用该原理，固定站坐标进行测站钟差和对流层参数的计算。

采样以上平滑后的观测数据，观测方程写为

$$P = \rho - c \cdot \delta t_i + T + \varepsilon \tag{3.18}$$

式中，待估参数仅含测站钟差和对流层，由第 2 章介绍，对流层延迟可表示为

$$z(e) = z_h mf_h(e) + z_w mf_w(e) \tag{3.19}$$

固定干延迟项，仅对湿延迟进行估计，从而参数估计偏导数为

$$\frac{\partial P}{\partial \delta t_i} = -c$$
$$\frac{\partial P}{\partial T} = mf_w(e) \tag{3.20}$$

其中对测站钟差每个历元进行估计，而对流层延迟则一般采用分段线性或者分段常数模型进行估计。由于对流层经验模型的改正精度基本上与伪距精度在一个量级，因此以上过程中也可以不估计对流层参数。

得到的测站钟差 δt_i，在扣除接收机硬件延迟偏差 DL 后即为时差测量值。

$$TO = \delta t_i - DL \tag{3.21}$$

在分别获得两个测站 A、B 的时差值后，两个站的时差值为

$$TO(A,B) = TO(A) - TO(B) \tag{3.22}$$

§3.3 多系统伪距时差测量算法

3.3.1 卫星共视/全视算法

以上获取卫星共视及卫星全视算法适用于单系统观测。随着越来越多的接收机具备多模型观测的能力,利用多系统进行时差测量变为一种趋势。多系统时差测量需要接收机对不同系统观测进行时延的准确标定。在两个测站共视到多个导航卫星系统卫星的前提下,参照式(3.17)采用等权处理,多系统卫星共视方法获取的时差可写为

$$TO(A,B) = \frac{N}{M+N} \sum_{j=1}^{N} \left(TO(A) \big|_j - TO(B) \big|_j \right)$$
$$+ \frac{M}{M+N} \sum_{k=1}^{M} \left(TO(A) \big|_k - TO(B) \big|_k \right) \qquad (3.23)$$

式中,j、k 分别为测站观测到两个卫星系统的卫星编号,M、N 分别为测站观测到两个卫星系统的卫星总个数,$TO(\cdot)\big|_j$、$TO(\cdot)\big|_k$ 中的下标分别为测站相对于卫星 j、k 的时差值。对于每一个测站,$TO\big|_j$ 和 $TO\big|_k$ 存在着由于卫星导航系统时间基准带来的系统差 TO^{sys},该系统差 TO^{sys} 在两个测站对于同一系统进行差分后得到了消除,也即 $TO(A)\big|_j - TO(B)\big|_j$ 和 $TO(A)\big|_k - TO(B)\big|_k$ 中不含系统差 TO^{sys}。

对于多系统卫星全视法,需要先求取每个测站的测站钟差,扣除接收机硬件延迟偏差后,再对不同测站钟差求差。在采样多系统观测中,除了考虑不同卫星的观测值加权之外,还需要考虑不同卫星系统观测精度的差异。

参照式(3.23),A、B 站的时差可采用式(3.24)计算,即

$$TO(A,B) = \frac{W_1}{W_1+W_2} \left[\sum_{j_1=1}^{N_1} \left[w_{j_1} \cdot TO(A)\big|_{j_1} \right] \Big/ \sum_{j_1=1}^{N_1} w_{j_1} - \sum_{j_2=1}^{N_2} \left[w_{j_2} \cdot TO(B)\big|_{j_2} \right] \Big/ \sum_{j_2=1}^{N_2} w_{j_2} \right]$$
$$+ \frac{W_2}{W_1+W_2} \left[\sum_{k_1=1}^{M_1} \left[w_{k_1} \cdot TO(A)\big|_{k_1} \right] \Big/ \sum_{k_1=1}^{M_1} w_{k_1} - \sum_{k_2=1}^{M_2} \left[w_{k_2} \cdot TO(B)\big|_{k_2} \right] \Big/ \sum_{k_2=1}^{M_2} w_{k_2} \right]$$
$$(3.24)$$

式中,由于不同导航系统的观测精度各不相同,W_1、W_2 分别为第一和第二个导航系统的整体权重,N_1、N_2 分别为测站 A、B 观测到第一个导航系统的卫星个数,M_1、M_2 分别为测站 A、B 观测到第二个导航系统的卫星个数。式(3.24)中,不同系统的系统差 TO^{sys} 在两个测站对于同一系统进行差分 $\sum_{j_1=1}^{N_1} \left[w_{j_1} \cdot TO(A)\big|_{j_1} \right] \Big/ \sum_{j_1=1}^{N_1} w_{j_1} - \sum_{j_2=1}^{N_2} \left[w_{j_2} \right.$ $\left. \cdot TO(B)\big|_{j_2} \right] \Big/ \sum_{j_2=1}^{N_2} w_{j_2}$ 及 $\sum_{k_1=1}^{M_1} \left[w_{k_1} \cdot TO(A)\big|_{k_1} \right] \Big/ \sum_{k_1=1}^{M_1} w_{k_1} - \sum_{k_2=1}^{M_2} \left[w_{k_2} \cdot TO(B)\big|_{k_2} \right] \Big/ \sum_{k_2=1}^{M_2} w_{k_2}$

也得到了消除。

3.3.2 多系统参数估计时差测量

以上介绍了基于单系统伪距观测参数估计时差测量的算法,测站同时观测到多系统卫星,以 GPS/GLONASS 为例,伪距观测方程为

$$\left.\begin{aligned} P^G &= \rho^G - c \cdot \delta t_i^G + T + \zeta^G \\ P^R &= \rho^R - c \cdot \delta t_i^R + T + \zeta^R \end{aligned}\right\} \tag{3.25}$$

从式(3.25)可以看出,多系统数据的加入增加了观测的个数。但是由于 GPS 与 GLONASS 的广播星历都采用了各自的时间基准,因此对式(3.25)的估计包含了两个钟差参数 δt_i^G、δt_i^R 及相同的对流层参数 T。GLONASS 数据的加入,虽然引入了新的钟差参数,但其增加了对流层参数估计的观测数,因此能够提高观测精度。对于式(3.25)有两种解算方法:解算两个钟差参数和解算一个钟差及系统偏差参数。

1. 解算两个钟差参数

在计算两个钟差参数的处理模式下,对 GPS、GLONASS 两个系统分别单独进行处理。分别扣除测站上的不同系统的时延后,得到测站 A、B 在 GPS/GLONASS 系统下的钟差分别为 δt_A^G、δt_A^R、δt_B^G、δt_B^R,则时差测量值计算为

$$TO(A,B) = \frac{TO(A,B)\mid_G + TO(A,B)\mid_R}{2} \tag{3.26}$$

$$\left.\begin{aligned} TO(A,B)\mid_G &= \delta t_A^G - \delta t_B^G \\ TO(A,B)\mid_R &= \delta t_A^R - \delta t_B^R \end{aligned}\right\} \tag{3.27}$$

以上是对单独基于一个系统分别求取时差,在此基础上进行综合,其中不同导航系统的系统时差 TO^{sys} 通过不同站对同一系统的差分得到了消除。综合的方法可以是平均,也可以按照不同系统时差求取的精度进行加权平均。

2. 解算一个钟差及系统偏差参数

计算一个钟差的模式是假定在同一个观测测站上不同卫星系统求出的钟差参数差异在一定弧长内为常数。分别扣除测站上的不同系统的时延后,该常数偏差其实就是该测站观测到的不同导航系统(如 GPS、GLONASS)的系统时延差 TO^{sys}。即有

$$\left.\begin{aligned} P^G &= \rho^G - c \cdot \delta t_i^G + T + \zeta^G \\ P^R &= \rho^R - c \cdot \delta t_i^G + TO^{GR} + T + \zeta^R \end{aligned}\right\} \tag{3.28}$$

在以上模型中,只含一个测站钟差 δt_i^G,该参数代表了测站时钟信号相对于系统 GPST 的时差计算值,TO^{GR} 为 GPS/GLONASS 系统时延差。在每个测站对 GPS/GLONASS 观测数据综合处理后,可得到参数 δt_i^G、TO^{GR}。

扣除接收机硬件延迟偏差后,测站 A、B 的时差测量值可采用式(3.21)、式(3.22)进行计算。

以上模型中也可定义需要求取的测站钟差为 δt_i^R,则综合处理后所求的参数为 δt_i^R、TO^{RG}。

3.3.3　测站 GPS/GLONASS 系统差

以上多系统时差测量模型中的参数系统时延差 TO^{sys} 包含了系统时差及硬件时延对不同系统的差异。图 3.6(详见文后彩图)列出了测站 BRMU(BERMUDA,UK)从 2011 年 181 天到 2012 年 240 天共 14 个月的 GPS/GLONASS 系统间时延偏差。图 3.6 中不同颜色的曲线代表不同频率 GLONASS 卫星相对 GPS 的时延差,该站在这段时间内的系统间差在 50 ~ 70 m,该偏差在相邻天的变化一般小于 3 ns。而不同 GLONASS 频率间的偏差范围为 5 m 左右(频率识别号最小为 −7,最大为 6),频率间的偏差明显低于系统间时延偏差的数量级。此外,BRMU 测站在 2011 年年积日 271 天将天线由 TRM29659.00 更换为 JAVRINGANT_DM,这个变化从 ISB 也得到了反映:由[−60 m,−55 m]变为[−53 m,−48 m]。可以看出天线类型的变化对于系统间时延偏差会产生影响。

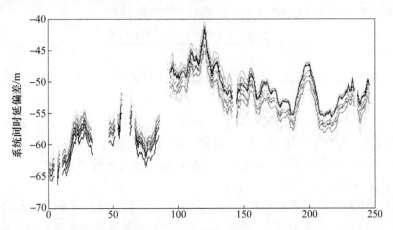

图 3.6　BRMU 测站 GPS/GLONASS 系统时延偏差(2011.6.30—2012.8.30)

与 BRMU 测站类似,图 3.7(详见文后彩图)相同时间段内 POTS 测站的 GPS/GLONASS 系统时延偏差统计中也有一个明显的跳跃。但这次不是接收机天线的变化引起的,而是由于 POTS 测站的接收机类型发生了变化。POTS 测站在 2011 年年积日 307 天接收机由 JAVAD TRE_G3TH DELTA205 3.1.7 升级为 JAVAD TRE_G3TH DELTA 205 3.2.7,虽然仅仅是一次接收机的升级,接收机型号只有微小变化,仍然对 GPS/GLONASS 系统时延偏差造成了非常大的影响,另外在 2011 年年积日 354 天 POTS 测站的接收机又升级为 JAVAD TRE_G3TH DELTA 205 3.3.5,这次升级的影响十分微小。

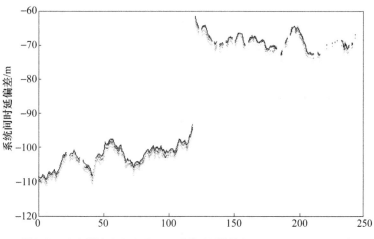

图 3.7 POTS 测站 GPS/GLONASS 系统时延偏差(2011.6.30—2012.8.30)

根据以上两个测站的分析可以初步推断,GPS/GLONASS 系统时延偏差与卫星频率、测站接收机类型、接收机天线类型有关。

对卫星频率而言,可以发现频率号互为正负的两组频率基本以零频率位轴呈对称状态,而且频率号绝对值越大,则该频率对应曲线离开零频率曲线的距离越远。但是该规律不是十分准确和明显。图 3.8(详见文后彩图)是同一时段 SCH2 测站上的 GPS/GLONASS 系统时延偏差统计图,图中一条绿色曲线明显存在跳跃,这是因为 GLONASS 星座一直在不断更新和完善,卫星频率也会随之做出调整。这条绿色曲线代表 4 号卫星,它在 2011 年年积日 275 天频率号从 -5 调整为 6,因此出现了明显跳跃。

对接收机类型而言,装有相同类型接收机的测站所得到的 GPS/GLONASS 系统时延偏差值比较接近,图 3.9(详见文后彩图)中 WTZR 与 DAV1 测站的接收机型号均为 LEICA GRX1200GGPRO,而两者的 GPS/GLONASS 系统时延偏差基本都在 -60 ~ -40 m。

对于接收机天线类型,选取相同接收机类型的所有测站,比较其 GPS/GLO-NASS 零频率系统时延偏差与接收机天线类型的关系。图 3.10(详见文后彩图)列出了 22 个采用 LEICA 接收机的 ISB 测站的变化情况,相同天线类型的接收机用同一种颜色的曲线表示。从图 3.10 中可以看出,LEICA(包括 LEIAT504GG、LEIAR25.R3)、Topcon(TPSCR3_GGD)、Allen Osborne(包括 AOAD/M_T、AOAD/M_B)及 Javad(JAVRINGANT_DM)等天线类型的 ISB 测站仅存在小于 5 m 的差异。而 Ashtech、AOAD/M_TA_NGS(该类型天线采用了 Ashtech 的低噪放大技

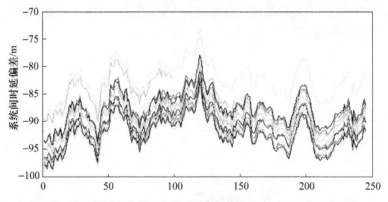

图 3.8 SCH2 测站 GPS/GLONASS 系统时延偏差(2011.6.30—2012.8.30)

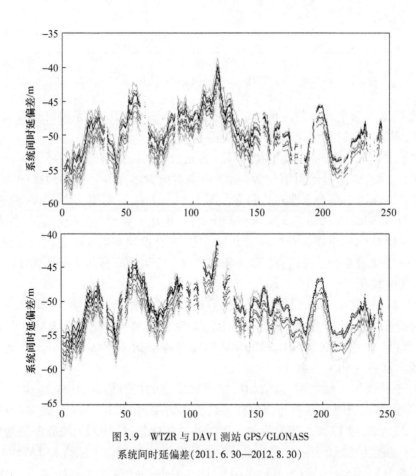

图 3.9 WTZR 与 DAV1 测站 GPS/GLONASS
系统间时延偏差(2011.6.30—2012.8.30)

术)及 Trimble(TRM29659.00)天线则与上面几种天线在数值上存在比较明显的差异。

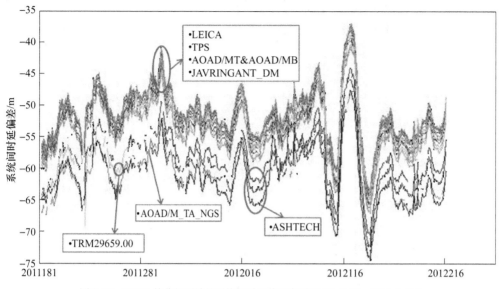

图 3.10　LEICA 接收机测站的系统间时延偏差序列(2011. 6. 30—2012. 8. 30)

3.3.4　GLONASS 系统频间差特性分析

传统 GPS/GLONASS 组合精密单点定位中,对 GPS 系统与 GLONASS 系统分别设置一个接收机钟差参数,也就是相当于认为 GLOANSS 卫星无论频率是否相等,其相对于 GPS 的系统时延偏差是相等的,因为 GLONASS 系统的卫星与 GPS 系统的卫星之间频率差异大,无法将其忽略,GLONASS 卫星之间频率差异较小且容易被模糊度吸收不影响定位结果。而为了得到更加精确的定位结果及其他参数值,并仔细研究 GLONASS 卫星之间的频间差,需要将不同频率的卫星设置为不同的参数,即每天每个测站对每个频率的 GLONASS 卫星设置一个参数 ISB_i^{jR}。ISB_i^{jR} 表示为测站上不同 GLONASS 卫星相对于 GPS 的时延偏差(包括导航系统的系统时差 TO、不同系统信号在卫星、测站伪距延迟的差异 ΔDCB_i^j 及 GLONSS 卫星的频率偏差 IFB_i^{jR})。

从前面论述可以看出,装有相同类型接收机的测站其 GPS/GLONASS 系统时延偏差值长期变化趋势一致,这主要反映的是系统时差的长期变化。取一个频率的时延偏差值为参考频率(如零频率),其他频率与之相减可以消除测站伪距延迟差异及系统时差。不同系统信号在卫星、测站伪距延迟的差异 ΔDCB_i^j 可以拆分为测站部分 ΔDCB_i 与卫星部分 ΔDCB^j,其他频率 j 与基准频率 k 相减可以写为

$$ISB_i^j - ISB_i^k = (TO + \Delta DCB_i^j + IFB_i^j) - (TO + \Delta DCB_i^k + IFB_i^k)$$
$$= (TO + \Delta DCB_i + \Delta DCB^j + IFB_i^j) - (TO + \Delta DCB_i + \Delta DCB^k + IFB_i^k)$$
$$= \Delta DCB^{j,k} + IFB_i^{j,k}$$

$$(3.29)$$

式中,通过频率间相减系统时差 TO 与测站伪距延迟 ΔDCB_i 已经被消除,仅剩下卫星上的硬件延迟 $\Delta DCB^{j,k}$ 和频间差 $IFB_i^{j,k}$。不同频率的 IFB 与其频率号存在一定的联系,Wanninger(2012)认为频间差与 GLONASS 卫星的频率号呈线性关系,并利用欧洲 133 个装备了 GPS/GLONASS 双模接收机的测站,比较计算了 9 家制造商的 13 种仪器的 GLONASS 不同载波的频间差系数,并给出其先验值(Wanninger,2012)。可以利用上海天文台 GNSS 数据分析中心(Chen et al,2012)给出的所有 GLONASS 卫星系统间时延偏差进行频间差的线性拟合得到系数项,从而运用到以后的计算中,拟合公式为

$$ISB_i^j - ISB_i^k = \Delta DCB^{j,k} + IFB_i^{j,k}$$
$$= \Delta DCB^{j,k} + (f^j - f^k)\Delta h_i = b_0 + b_1 \cdot (f^j - f^k) \quad (3.30)$$

式中,f^j、f^k 为卫星的频率识别号,$\Delta DCB_i^{j,k}$ 表示卫星 j、k 之间伪距延迟,$IFB_i^{j,k}$ 表示卫星 j、k 之间的频间差,b_0 为拟合的常数项,b_1 为拟合的一次项系数。

利用上述 SHA 提供的 14 个月全球共 74 个配备了 GPS/GLONASS 双模接收机的测站的系统时延偏差值,取零频率为参考基准,根据式(3.30)进行最小二乘线性拟合,计算出每一个测站所对应的 b_0、b_1 值。这些测站由 7 种接收机制造商生产,每个接收机制造商又包括几种接收机类型,每种接收机类型配备的接收机天线类型也不相同,线性拟合所得的 b_0、b_1 值如图 3.11(详见文后彩图)所示,图中黄色虚

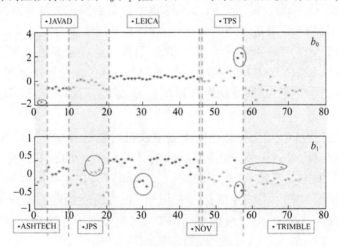

图 3.11　频间差线性拟合系数值

线用来作为不同接收机生产商的分割线,从图 3.11 中可以看出,同种类型接收机的 b_0、b_1 值比较接近,存在一定的一致性,而不同类型接收机的 b_0、b_1 值差别比较明显。此外,接收机天线类型对 b_0、b_1 值的影响也很明显,图中用红线圈出来的 11 个测站配备了 Ashtech 天线,该类型天线采用了 Ashtech 的低噪放大技术,这些测站的 b_0、b_1 值与同类型接收机存在明显的差异。按照接收机生产商进行归类,并对相同生产商生产的接收机的 b_0、b_1 值取平均值(去除 Ashtech 天线类型的测站),可以得到一个粗略的统计,如表 3.1 所示。

表 3.1　相同接收机生产商的 b_0、b_1 平均值

接收机类型	b_0/m	b_1/m
JPS	− 0. 49	− 0. 05
LEICA	0. 05	− 0. 08
TPS	0. 13	− 0. 24
TRIMBLE	0. 90	− 0. 12

§3.4　伪距时差测量算例

以下对不同伪距时差测量方法进行比较。首先搭建时差观测环境,时差测量系统构成主要包括 GNSS 接收机、数据处理软件与硬件设备。GNSS 接收机以原子时间实验室 SHAOT 的高精度时间信号为参考输入时标,接收 GPS/GLONASS 系统信号,接收机硬件时延在实验室里面经过精确标定。数据处理软件基于卫星共视及卫星全视的方法实时计算原子时间实验室 SHAOT 的时间与 GPS/GLONASS 系统时间的偏差。观测时间为 2011 年 4 月 21 日至 2011 年 5 月 4 日,共两周时间,结果讨论如下。

3.4.1　卫星共视算法

按照卫星共视算法,计算测站时钟与 GPS/GLONASS 系统时差。

1. 与 GPST 的时差测量

由于每颗卫星过境的时间较短,并且采样率较大,若只输出一颗卫星的时差测量,则观测量太少且误差较大。而且每 13 min 观测到的卫星不止一个,因此在采样卫星共视法获取时差时,将每 13 min 所有卫星得到的时差值取平均。两周数据获取的 SHAOT 与 GPST 的时差值如图 3.12 所示。图 3.12(a)为时差观测值及相应的拟合函数,可以看到时差值的变化具有缓慢变化的趋势;图 3.12(b)为多项式拟合的残差,残差统计 RMS 为 1.39 ns。

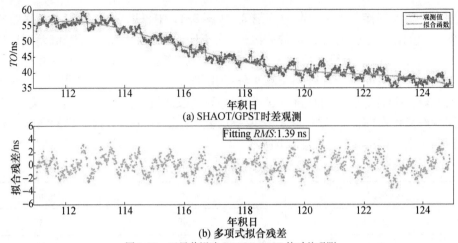

(a) SHAOT/GPST时差观测

(b) 多项式拟合残差

图 3.12　卫星共视法 SHAOT/GPST 的时差观测

2. 与 GLONASST 的时差测量

两周数据获取的 SHAOT 与 GLONASST 的时差值如图 3.13 所示。从多项式拟合残差的子图可以得到,残差统计 *RMS* 为 4.6 ns。GLONASS 时差观测值精度比 GPS 时差观测精度稍低,这主要是受到 GLONASS 卫星星历精度及 GLONASS 卫星存在频间偏差的影响。

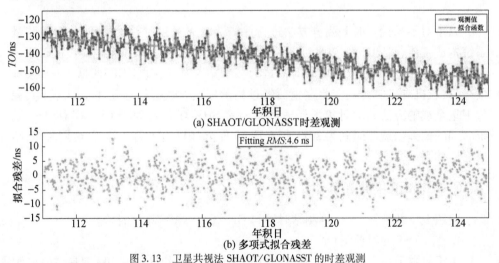

(a) SHAOT/GLONASST时差观测

(b) 多项式拟合残差

图 3.13　卫星共视法 SHAOT/GLONASST 的时差观测

3. 与 GPST/GLONASST 的时差测量

由于接收机接收 GPS/GLONASS 信号的硬件时延经过精确标定,将以上 SHAOT/GPST、SHAOT/GLONASST 时差值在每个历元进行相减,就能够得到 GPS/GLONASS 两个导航系统的系统时差。如图 3.14 所示,GPS/GLONASS 系统时差比较稳定,从多项式拟合残差的子图可以得到,残差统计 *RMS* 为 4.51 ns。

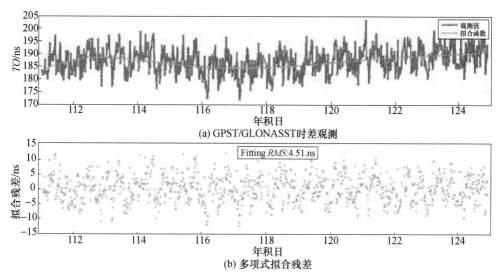

(a) GPST/GLONASST时差观测

(b) 多项式拟合残差

图 3.14　卫星共视法 GPST/GLONASST 的时差观测

3.4.2　卫星全视算法

按照卫星全视算法,计算测站时钟与 GPS/GLONASS 系统时差。

1. 与 GPST 的时差测量

全视法观测时,测站坐标由于已知,可直接进行固定。两周数据获取的SHAOT与 GPST 的时差值如图 3.15 所示,图中的采样率为 15 s。从多项式拟合残差的子图可以得到,残差统计 RMS 为 1.15 ns。相比多卫星平均的共视算法,精度有所提高。

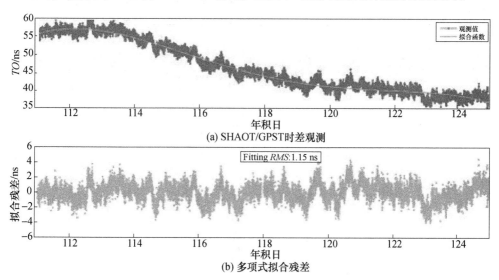

(a) SHAOT/GPST时差观测

(b) 多项式拟合残差

图 3.15　卫星全视法 SHAOT/GPST 的时差观测

2. 与 GLONASST 的时差测量

两周数据采样卫星共视法获取的 SHAOT 与 GLONASST 的时差值如图 3.16 所示,图中的采样率为 15 s。从多项式拟合残差的子图可以得到,残差统计 *RMS* 为 4.03 ns,相比多卫星平均的共视算法,精度有所提高。

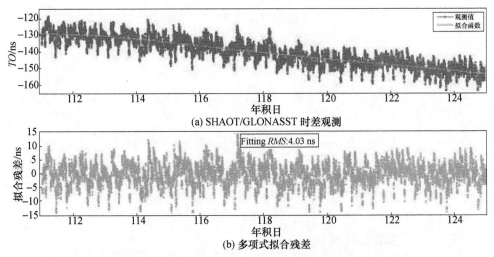

图 3.16 卫星全视法 SHAOT/GLONASST 的时差观测

3. 与 GPST/GLONASST 的时差测量

将以上 SHAOT/GPST、SHAOT/GLONASST 时差值在每个历元进行相减,得到卫星全视法 GPS/GLONASS 两个导航系统的系统时差。如图 3.17 所示。GPS/GLONASS 系统时差比较稳定,从多项式拟合残差的子图可以得到,残差统计 *RMS* 为 4.09 ns。

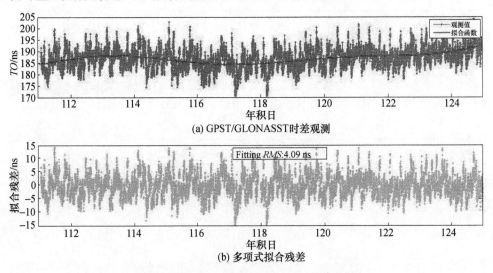

图 3.17 卫星全视法 GPST/GLONASST 的时差观测

3.4.3　相位平滑伪距算法

1. 与 GPST 的时差测量

采用 Hatch 相位平滑伪距的滤波方法对以上两周数据进行处理,获取的 SHAOT 与 GPST 的时差值如图 3.18 所示。图中的采样率为 30 s。从多项式拟合残差的子图可以得到,残差统计 *RMS* 为 0.46 ns,相比多卫星平均的共视算法,精度提高了 67%;相比卫星共视法,精度提高了 60%。

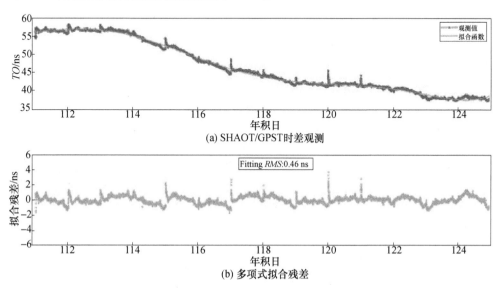

(a) SHAOT/GPST时差观测

(b) 多项式拟合残差

图 3.18　相位平滑伪距法 SHAOT/GPST 的时差观测

2. 与 GLONASST 的时差测量

采用 Hatch 相位平滑伪距的滤波方法对以上两周数据进行处理,获取的 SHAOT 与 GLONASST 的时差值如图 3.19 所示。图中的采样率为 30 s。从多项式拟合残差的子图可以得到,残差统计 *RMS* 为 1.36 ns,相比多卫星平均的共视算法,精度提高了 69%;相比卫星共视法,精度提高了 65%。

3. 与 GPST/GLONASST 的时差测量

将以上 SHAOT/GPST、SHAOT/GLONASST 时差值在每个历元进行相减,获取 GPS/GLONASS 两个导航系统的系统时差。如图 3.20 所示。从多项式拟合残差的子图可以得到,残差统计 *RMS* 为 1.36 ns,相比多卫星平均的共视算法,精度提高了 70%;相比卫星共视法,精度提高了 67%。

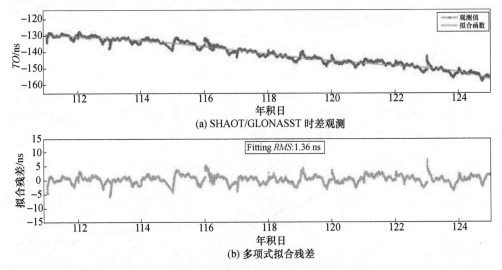

(a) SHAOT/GLONASST 时差观测

(b) 多项式拟合残差

图 3.19　相位平滑伪距法 SHAOT/GLONASST 的时差观测

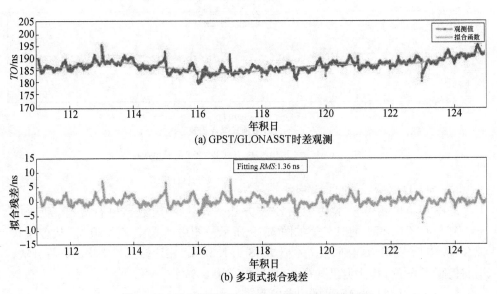

(a) GPST/GLONASST时差观测

(b) 多项式拟合残差

图 3.20　相位平滑伪距法 GPST/GLONASST 的时差观测

第4章 相位时差测量

相位观测值对于伪距观测具有更高的精度，随着目前后处理的产品精度越来越高，相位数据也被用于时差测量。本章介绍基于相位观测的时差测量方法，包括单站精密单点定位（precise point positioning，PPP）技术、多站网解技术等。

§4.1 PPP 时差测量

PPP 技术最早由 JPL 提出，是利用已知的精密卫星轨道与精密卫星钟差，综合考虑各项误差的精确模型改正，利用非差伪距和载波相位观测值实现单站精密定位和定时的方法（Zumberge，1997）。多站网解是在精密定轨的基础上发展而来，其基本原理是将测站钟差与卫星钟差联合解算。

4.1.1 单频 PPP 时差测量

单频 PPP 时差测量是指利用后处理精密轨道和精密钟差文件及单频非差伪距及相位观测值，采用严密的绝对定位模型进行单点精密定位定时的方法。

单频 PPP 的观测方程可表示为

$$\left.\begin{array}{l} P_1 = \rho_r^s - c \cdot \delta t_i + T + I + \varepsilon(P_1) \\ L_1 = \rho_r^s - c \cdot \delta t_i + T - I + \lambda_1 \cdot N_1 + \varepsilon(L_1) \end{array}\right\} \tag{4.1}$$

式中，P_1 为单频伪距观测值，L_1 为单频载波相位观测值，ρ_r^s 为卫星至测站间的几何距离，c 为光速，δt_i 为接收机钟差，I 为电离层延迟，T 为对流层延迟，λ_1 为载波波长，N_1 为整周模糊度，$\varepsilon(P_1)$ 与 $\varepsilon(L_1)$ 为观测噪声。

在实际处理中，卫星位置可采用 8 至 10 阶拉格朗日多项式对卫星精密星历插值法给出，卫星钟差则采用低阶拉格朗日多项式插值法给出。相位中心改正、相对论效应、电离层延迟、地球自转改正及对流层延迟改正等可事先采用模型改正。对流层的残余部分可加入参数估计，单频 PPP 的硬件延迟可采用外部提供的产品进行改正。对于时差测量，三维坐标参数可固定为精密确定值。参数估计部分包括接收机钟差、载波相位整周模糊度及天顶方向对流层延迟残余部分。

1. 电离层参数估计法单频 PPP 时差测量

通过上一节讨论可知，电离层延迟的模型改正法在实现单频精密定位中效果并不理想，电离层延迟模型的构建并不能高效率地诠释电离层的时空变化，修正效果并不理想。本节介绍了一种基于电离层参数估计的单频 PPP 时差测量方法。

电离层延迟参数估计法顾名思义就是要将电离层延迟作为待估参数参与整体解算，因此合理地建立电离层延迟 I 的数学表达式并确定电离层延迟的参数个数非常重要。

当采用一个参数估计电离层延迟时，则有

$$I = F \cdot d_{\text{ion}}^{\text{zenth}} \tag{4.2}$$

式中，F 为映射函数，$d_{\text{ion}}^{\text{zenth}}$ 为引进参数。这种表达方式只将电离层延迟映射到天顶方向。

当采用两个参数估计电离层延迟时，则有

$$I = F \cdot A \cdot d_{\text{ion}}^{A} + F \cdot E \cdot d_{\text{ion}}^{E} \tag{4.3}$$

式中，A 为测站卫星方位角，F 为电离层映射函数，E 为测站卫星高度角，d_{ion}^{A}、d_{ion}^{E} 为引进的参数。这种表达方法将电离层延迟分别映射到了卫星高度角和方位角两个方向上。

当采用三个参数估计电离层延迟时，则有

$$I = (1 + \sin\varphi^*) J_1 + \cos\varphi^* \cos\lambda^* C_{11} + \cos\varphi^* \sin\lambda^* S_{11} \tag{4.4}$$

式中，φ^*、λ^* 分别为太阳共轭坐标系中足下点的经度和纬度，J_1、C_{11}、S_{11} 为引进的参数。这种表达方式将电离层延迟映射到了足下点的三维直角方向。

电离层延迟参数估计法引进的参数个数与电离层延迟的具体表达形式有关，引入电离层延迟参数后，观测值对电离层模型参数的偏导数分别为

$$\left.\begin{aligned}
\frac{\partial P}{\partial d_{\text{ion}}^{\text{zenth}}} &= F \\[2mm]
\frac{\partial P}{\partial d_{\text{ion}}^{A}} &= F \cdot A \\[2mm]
\frac{\partial P}{\partial d_{\text{ion}}^{E}} &= F \cdot E \\[2mm]
\frac{\partial P}{\partial J_1} &= 1 + \sin\varphi^* \\[2mm]
\frac{\partial P}{\partial C_{11}} &= \cos\varphi^* \cos\lambda^* \\[2mm]
\frac{\partial P}{\partial S_{11}} &= \cos\varphi^* \sin\lambda^*
\end{aligned}\right\} \tag{4.5}$$

2. 伪距/相位半和法单频 PPP 时差测量

伪距/相位半和法通过观测方程组合的方式消除其中的电离层延迟，但又不同于双频组合，它是通过伪距与载波之间的数学运算实现单频 PPP 时差测量。

测距码伪距观测值 P_1 和载波相位观测值 L_1 上受到的电离层延迟的影响大小相等、符号相反。可以将 P_1 与 L_1 的初始观测方程相加再取一半就得到了一个新的观测方程,为了确保新的组合能够正确求解出待估参数,还需联立原始的伪距观测方程来保证法方程不秩亏。伪距/相位半和法的观测方程为

$$\frac{L_1 + P_1}{2} = \rho_r^s - c \cdot \delta t_i + T + \frac{\lambda_1 \cdot N_1}{2} + \frac{\varepsilon(L_1) + \varepsilon(P_1)}{2} \tag{4.6}$$

$$P_1 = \rho_r^s - c \cdot \delta t_i + T + I + \varepsilon(P_1) \tag{4.7}$$

式(4.6)和式(4.7)中所有符号的表示意义与上文一致。经过以上的组合后,实现在单频观测值中消除电离层延迟的影响,同时将伪距观测值的噪声降低了一半。

采用伪距/相位半和法数据预处理流程及主要误差源的改正策略与本文提到的方法保持一致,其中针对电离层延迟、相位观测方程采用半和法公式组合来消除,对联立的伪距观测方程可采用格网电离层改正模型来修正。

经过伪距/相位的上述组合,两类观测方程不再保持相互独立,在建立观测方程的随机模型时,要对两者的权重加以考虑。由于相位观测方程引入伪距噪声,两类观测方程的先验精度发生了改变,在给观测值定权时也需加以考虑;同时为了抑制伪距观测值对定位的影响可适当放低伪距观测方程的权重。

4.1.2 双频 PPP 时差测量

双频 PPP 的观测方程与单频类似,利用第 2 章介绍的无电离层组合可消除电离层一阶项误差的影响。无电离层组合 PPP 观测方程可表示为

$$P_3 = \rho_r^s - c \cdot \delta t_i + T + \varepsilon(P_3) \tag{4.8}$$

$$L_3 = \rho_r^s - c \cdot \delta t_i + T + \lambda \cdot N + \varepsilon(L_3) \tag{4.9}$$

式中,s 代表卫星,包括 GPS、GLONASS 等卫星。

4.1.3 PPP 相位时差测量关键技术

基于相位观测值的双频单站时差观测技术,其所能达到的精度取决于输入的卫星轨道和钟差的精度。而高精度的卫星轨道和钟差则主要基于后处理获得。目前导航电文中,GPS 广播星历的卫星钟差精度仅为数纳秒,无法满足高精度用户的需求。IGS 组织能提供精度优于 0.1 ns 的最终精密钟差产品,但要延迟一个星期才能得到,即使是快速精密星历也要延迟 17 h,超快速精密钟差要延迟 3 h,因此高精度的单站PPP 时差监测通常只用于后处理领域。为推进单站 PPP 时差监测技术向实时方向发展,满足更高实时性要求,重点需要解决以下几个关键技术。

1. 数据预处理

预处理的目的是剔除粗差、标记模糊度等。后处理中,一般可通过整弧段迭代

处理的方式进行。在实时处理中,考虑到处理实效的要求,只能处理当前少数历元的数据,因此数据预处理需要重点考虑。

首先,对原始观测数据进行粗差剔除,采用开窗法,并且对卫星星历进行质量检测,剔除发生故障的卫星和时段。同时利用相位数据对伪距观测值进行平滑处理,提高定位效率。最后,数据预处理中重点要完成的工作就是提出周跳探测的稳健方法,再综合考虑当前各种主流的周跳探测方法,通常采用以下几种探测方法的组合来实现数据的探测工作。

1)基于星间差的高次差法

基于卫星信号的测量误差特性可以知道,在没有周跳发生的情况下,载波相位的变化主要跟接收机的状态相关,大体上是一个平缓且有规律的过程,同时大部分观测误差在时空中变化也是一个平缓渐变的过程。但考虑到载波的波长较短,对其周跳探测影响较大的主要有接收机钟差的变化及电离层延迟的影响,接收机钟相较于卫星钟质量较差、噪声较大,在历元间常有跳变的情况发生,而且电离层延迟量级较大且具有变化快的特性,综合这两方面的考虑,可以首先采用星间差的方式消除接收机钟差对信号的影响,然后在历元间求取高次差来消除平缓变化误差的误差源对信号的干扰。一般来说,当星间差的相位观测值在求取4次以上的高阶差后,距离变化对整周模糊度的影响趋于零,此时差值主要包含接收机的随机误差。

取得星间差的高次差结果后,此时如果有周跳发生,数据的随机特性即被破坏,同时高次差还有误差放大的效果,周跳发生时历元间的差值会出现倍数特性,利用这一结论可以准确探测出周跳发生的位置。高次差倍数特性如表4.1所示。

表4.1 高次差法计算过程

观测值	一次差	二次差	三次差	四次差	五次差
0					
0	0				
0	0	0			
0	0	0	0		
0	0	0	0	0	
1(周跳发生)	1	1	1	1	1
1	0	-1	-2	-3	-4
1	0	0	1	3	6
1	0	0	0	-1	-4
1	0	0	0	0	1

如表 4.1 可知,在周跳发生的情况下,通过历元间做差周跳存在明显的倍数关系,四次差后,倍数关系为 1：-3：3：-1,通过这种规律可准确锁定周跳发生的位置。

但此种探测方法也有不足之处,由于是原始观测值进行过星间做差操作,因此无法判断出具体是两颗卫星中的哪颗发生了周跳,同时如果两颗卫星发生相同周跳也无法探测出来。另外,随着观测采样间隔的增大,相邻历元间误差变化幅度增加,高次差法的效率也会随之降低。因此,还需要进一步组合其他方法来扫除以上障碍。

2）改进的多项式拟合法

利用多项式拟合法探测周跳,其一般表达式为

$$\varphi_i = a_0 + a_1(t_i - t_0) + a_2(t_i - t_0)2 + \cdots + a_n(t_i - t_0)n$$
$$(i = 0, 1, \cdots, m; m > n + 1) \tag{4.10}$$

式中,n 为多项式的拟合阶数,t_0 是起始拟合时间基准,t_i 是时间变化量,a_i 为多项式系数,φ_i 是 t_i 时刻对应的载波相位观测量。从式中可以看出,利用一般形式来探测周跳时无法估计到误差在时空上累积的变化量,随着时间序列拉长,$(t_i - t_0)$ 与 $(t_i - t_0)^n$ 之差会越来越大,拟合值与实际观测值将会严重不符,影响探测效果。改进形式的多项式拟合法从消除误差累积影响的角度出发,采用历元间求差后的观测值代替原始观测值,其表达形式如下。

假设 t_i 时刻前后两个观测量分别为 φ_i 和 φ_{i-1},令其做差有 $L_l = \varphi_i - \varphi_{i-1}$,则有

$$L_l = \varphi_i - \varphi_{i-1} = a_1(t_i - t_{i-1}) + a_2(t_i - t_{i-1})2 + \cdots + a_n(t_i - t_{i-1})n$$
$$(i = k+1, k+2, \cdots, k+m-1; m > n + 1) \tag{4.11}$$

式中,k 为循环次数,a_i 为多项式系数。探测流程如下:

首先,从初始历元开始选取 m 个历元数据求取历元间差值分别代入式(4.11)中,采用最小二乘方法求取拟合系数 a_i,然后计算观测值改正数 v_i 的中误差为

$$\delta_k = \sqrt{\frac{[v_i v_i]}{(m-1) - n}} \tag{4.12}$$

根据是否 $|v_i| \geqslant 3\delta_k$ 的条件,依次判断参与拟合的各个载波相位观测值中是否存在周跳,若发生周跳则标记下来或者利用外推数据修复。接下来用求出的多项式系数外推下一历元的载波相位观测值并与实际观测值比较,用同样的原则探测周跳。若没有周跳发生,去掉最开始的一个观测值,加入当前历元数据继续滑动拟合多项式数据,重复以上周跳探测过程。如果有周跳发生,此时应标记出周跳位置或者修复,同时剔除新加入数据,代入利用系数外推出的数据,继续进入滑动探测流程直到数据结束。

利用历元间差值进行多项式周跳探测可抑制非差观测中累积误差的影响,

提高探测效率,同时补充星间做高次差法的不足,探测单一卫星释放与之做差的卫星数据,但此方法也有不足之处,即随着数据采样间隔的增加无法准确预测真实观测数据的情况,为避免漏探,需要加上上一种探测方法维持周跳探测的稳健性。

3)伪距/载波相位组合探测法

在充分分析各种卫星信号误差源的基础上可以得知,除去观测噪声、多路径效应及电离层延迟外,其他误差源在伪距和载波相位观测值上的影响是相同的,基于这一原则,可以采用载波相位观测值和伪距的组合方法来探测周跳。

不区分单频及多频,载波相位和伪距观测值可表达为

$$P = \rho - c \cdot \delta t_i + I + \mathrm{d}m_P + \varepsilon_P \tag{4.13}$$

$$L = \rho - c \cdot \delta t_i + \lambda \cdot N - I + \mathrm{d}m_L + \varepsilon_L \tag{4.14}$$

式中,P 为伪距观测值,L 为载波相位观测值,N 为相位整周模糊度,I 为伪距和相位观测值的电离层延迟,$\mathrm{d}m_P$、$\mathrm{d}m_L$ 分别为伪距和相位观测值的多路径延迟,ε_p、ε_L 分别为伪距和载波相位的观测噪声。

将式(4.14)与式(4.13)相减可获得整周模糊度为

$$N = \frac{|L - P - (\mathrm{d}m_L - \mathrm{d}m_P) - (\varepsilon_L - \varepsilon_P)|}{\lambda} \tag{4.15}$$

同时将式(4.15)在历元间求差,可以得出周跳的估值为

$$\Delta N = N(t_2) - N(t_1) = L(t_2) - L(t_1) - \frac{P(t_2) - P(t_1)}{\lambda} \tag{4.16}$$

在没有周跳发生的情况下,由于相邻历元间多路径延迟和电离层延迟变化小,ΔN 的理论值为零,发生周跳不为零,由此可以进行周跳探测。

此种方法根据其使用范围可以探测出相当部分的周跳,可以作为 PPP 周跳探测方案的补充组合方案,增强了整体周跳探测方案的稳健性。

通过以上三种数据周跳探测方法的组合和补充,一定程度上确保可以正确探测出数据中的周跳。值得一提的是依赖上述方法来修复周跳存在一定的不确定性,因此,在软件处理流程中针对周跳保持只探测不修复,一旦有周跳发生,采用模糊度重新初始化的方法来处理。

2. 相位周跳处理

由接收机短时信号失锁引起载波相位观测值整周的不连续或者跳变称为周跳。接收机工作时,卫星端发射的载波信号和接收机端的复制信号生成的差频信号不足一整周的部分 $\mathrm{Fr}(\varphi)$ 能被瞬时测量,而差频信号中的整波段数 $\mathrm{Int}(\varphi)$ 是在信号连续跟踪过程中通过计数器逐渐累积的。因此,载波相位实际观测值为

$$\varphi = \mathrm{Fr}(\varphi) + \mathrm{Int}(\varphi) \tag{4.17}$$

当由于某种原因造成信号短时失锁,然后又恢复跟踪,则载波相位观测值的小数部分 $Fr(\varphi)$ 仍能被正确观测,然而,在失锁期间差频信号所产生的整波段数未被计数器记录下来,造成整周计数 $Int(\varphi)$ 比应有值少,即产生了周跳。若周跳值为 n 周,则在周跳前后的连续跟踪段内载波相位观测值间有一个 n 周的系统偏差,如图 4.1 所示。

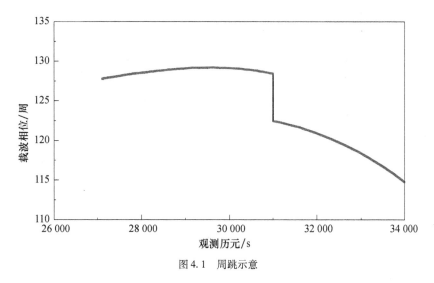

图 4.1　周跳示意

引起周跳的原因有很多,主要可以归纳为以下三类:第一类为树木、建筑物和构筑物等对 GPS 卫星信号的遮挡;第二类为由于多路径、严重电离层干扰及接收机的高动态等引起接收信号信噪比过低;第三类为接收机自身(包括硬件和软件)。信号失锁可能发生在两个历元之间,也可能持续几分钟甚至更长的时间,因此,周跳可能小至一周、大至数百万周。在采用载波相位观测值进行高精度定位时,必须有效探测和修复周跳。

3. 实时卫星轨道计算

目前基于全球观测网络通过后处理解算的 GPS/GLONASS 卫星轨道,精度一般优于 2 cm,在此基础上预报轨道的精度一般也能够优于 10 cm,从而能够满足 0.3 ns 精度需求的时差测量要求。对于处于地影期的卫星或区域性的卫星导航系统,其定轨精度不高,从而实时预报轨道的精度也更加降低,为此需要开展实时精密定轨的工作。

实时定轨一般采用静态滤波的方式;若每个历元更新初始轨道,重新积分生成参考轨道,则可根据观测数据实时解算卫星轨道,即扩展滤波,该方法可避免轨道初值误差较大引起的整体迭代问题;若每几个历元或每段时间更新初始轨道,重新积分生成参考轨道,则可在固定时间间隔内获取卫星实时轨道,即批处理滤波,该方法有利于 GNSS 卫星轨道的预报。本节分别阐述以上三种滤波理论。

1）静态滤波处理

静态滤波处理固定弧长的观测数据，将轨道参数线性化至选定的初轨时刻，假设在处理弧段内轨道相关参数保持不变。主要分为以下几步：

（1）选择初始轨道和动力学参数，采用数值积分方法生成固定弧长（通常为一天或三天）参考轨道和任意时刻相对于初始时刻的状态转移矩阵。

（2）结合卫星运动方程和观测方程，将轨道参数线性化至初轨时刻。

（3）均方根滤波处理，消除递推过程中失效参数，储存在指定文件中。

（4）计算得出初轨改正数和其他各参数信息。

（5）结合滤波过程中消去的参数，向后平滑恢复其在各历元解算值。

（6）如初始轨道与真实值偏差较大，则需要迭代处理。

图 4.2 为静态滤波处理基本原理，在初始轨道 X_0 处积分生成初始轨道，在各历元处决定是否需要更新初始轨道，在最后历元 X_4 处更新初始轨道，积分生成新轨道。

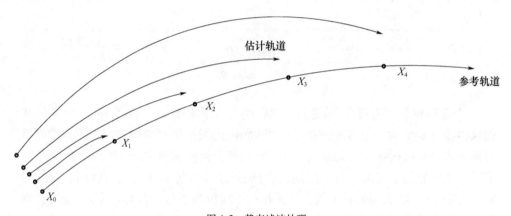

图 4.2　静态滤波处理

2）扩展滤波处理

扩展滤波的特性为每个解算历元更新初始轨道和参考轨道，即使首次给定的初始轨道偏差较大，仍无须进行迭代处理。扩展均方根滤波处理主要分为以下几步：

（1）选择初始轨道和动力学参数，积分生成一定弧长的参考轨道和状态转移矩阵，弧长一般为 10 倍历元间隔，利于插值求取卫星位置和状态转移矩阵。

（2）结合卫星运动方程和观测方程，将轨道参数线性化至初轨时刻。

（3）均方根滤波处理，将各参数解算值及信息矩阵通过状态转移矩阵预报至下一历元。

（4）更新卫星初始轨道,积分生成新的参考轨道和状态转移矩阵。

（5）滤波处理直至结束。

图 4.3 为扩展均方根滤波处理基本原理,在初始轨道处积分生成参考轨道,每个历元更新初轨时刻,重新生成参考轨道。

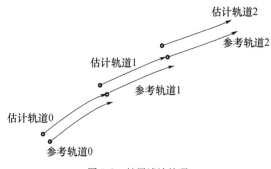

图 4.3　扩展滤波处理

3）批处理滤波处理

批处理滤波是静态滤波处理和扩展滤波处理的综合。图 4.4 为批处理滤波基本原理,假设批处理弧长为 i 个历元,在初始历元 1 处生成参考轨道,整个 batch1 时段,所有 $i-1$ 个历元轨道参数均线性化至初始历元 i 处,然后更新初始轨道,将估计值及信息矩阵传递至 i 历元处;更新参考轨道,弧长为整个 batch2 时段,所有 $i-1$ 个历元轨道参数均线性化至初始历元 i 处,更新其初始轨道,然后滤波处理直至结束。

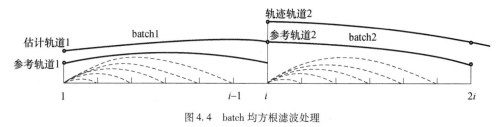

图 4.4　batch 均方根滤波处理

批处理滤波主要分为以下几步:

（1）选择初始轨道和动力学参数,积分生成一定弧长的参考轨道和状态转移矩阵,弧长与一个批处理时间段一致。

（2）结合卫星运动方程和观测方程,将批处理时间段内的轨道参数线性化至初轨时刻。

（3）滤波处理,在一个批处理时间段内更新卫星初始轨道,积分生成新的参考轨道和状态转移矩阵。

（4）滤波处理直至结束。

4. 实时卫星钟差计算

目前基于全球观测网络通过后处理解算的 GPS/GLONASS 卫星的钟差,精度一般优于 0.1 ns。然而,卫星钟差预报精度一般不高,短时间内可能增大到数纳秒。因此,在实时高精度相位时差监测中,要求实时对卫星钟差进行估计。考虑卫星钟差估计的伪距相位观测方程可写为

$$P = \rho - c\delta t_i + c\delta t^s + I + \mathrm{d}m_P + \varepsilon_P \tag{4.18}$$

$$L = \rho - c\delta t_i + c\delta t^s + \lambda N - I + \mathrm{d}m_P + \varepsilon_L \tag{4.19}$$

式中,δt^s 为需要估计的卫星钟差参数。实时钟差估计需要重点解决以下问题。

1）钟差基准

在钟差参数求解中,必须选择一个基准钟,求解其他接收机钟和卫星钟相对于该基准钟的钟差。只要保证基准钟的钟差不影响卫星位置的计算精度,精度优于 10^{-6} s,那么相对钟差和绝对钟差对用户定位结果而言是等价的,即相对钟差的系统性偏差在用户定位模型中可完全被用户接收机钟差吸收,而不影响用户的定位精度。

引入基准钟的方法有两种:一种是利用跟踪网络的所有卫星/接收机钟定义一个虚拟基准钟,基准钟由所有的测站钟共同维持;另一种是利用跟踪网络中的单一测站/卫星的钟差作为基准钟。

第一种方法的优点是基准钟比较可靠,但实现起来比较复杂;而第二种方法的优点在于实现比较简单,但需要保证基准接收机钟稳定可靠(如外接高精度的原子钟),并且选定为参考钟的测站需要有好的观测条件,保证具有连续良好的观测值。因此,对于第二种方法而言,选择一组稳定的接收机钟作为基准钟备选序列,再根据观测条件确定一测站的接收机钟为基准钟,是比较理想的方法。

2）伪距和载波对卫星钟差估计的作用

载波相位观测值相对伪距观测值具有很高的精度,因而对于高精度的卫星钟差参数估计,采用载波观测值是必需的。但是,从相位观测方程上很容易看出,钟差参数与初始模糊度参数是相关的。这个相关性使得仅采用载波相位观测值,不能直接估计卫星钟差参数。伪距观测值可以直接用来估计钟差参数,由于伪距噪声大,也存在系统偏差,故结果精度不高。

初始模糊度参数将吸收观测过程中的卫星钟差偏差的平均值。然而采用相位观测值可以估计卫星钟差相对于参考历元的变化值,因为初始模糊度参数在连续历元可以直接通过求差的方法消去,这就意味着只要相位模糊度是连续不变的,相位就可以用来估计钟频参数。因此,综合利用伪距与相位观测值确定高精度卫星钟差是必要的,两种不同精度的观测值可以选择不同的权。一般加入伪距观测值,并对伪距设置较小的权重,一起进行估计。在连续观测过程中,卫星钟差估计的参

考值是由伪距决定的,与相位无关。而相位用于估计相对于这个卫星钟差参考值之差。

§4.2　多站网解时差测量

PPP 时差测量中,高精度的卫星钟差起到至关重要的作用。目前,导航电文中广播星历的卫星钟差精度仅仅为 7 ns,IGS 组织能提供的精密星历又要经历一定时间的延迟,因此无法实现高精度的实时时差测量。

为解决以上难点,许多学者将研究重点集中在卫星轨道和钟差的高精度实时估计与预报。对卫星钟差进行实时高精度估计可采用伪距、相位平滑伪距及相位与伪距相结合的方法,不同方法得到的参数精度各不相同,其中基于伪距观测值的精度大多在 1~5 ns。基于相位观测值能够得到较高的卫星实时钟差,然而这需要一定数量分布较好的基准站。测站数量的增加将大大增加待求参数的个数,待求参数的总个数将随测站个数呈近似线性的增长,而数据处理时间将呈几何级数的增长。这对于钟差参数的实时求解是个巨大的挑战。

为避免以上难点,还可采用多站网解时差测量技术。该技术衍生于实时卫星轨道、钟差的确定。采用该技术在估计站间钟差的同时,估计卫星的相对钟差。其目标不在于高精度卫星绝对钟差的求解,而是站间相对钟差的求取。

基于定轨或者求钟的多站网解时差测量,整体处理 GPS/GLONASS 卫星观测数据,可以监测两个系统之间系统时间的差值,公式为

$$\left.\begin{array}{l} TO(i) = \delta^r - \delta^{\mathrm{brdc}} \\ TO1 = \dfrac{1}{n}\sum_{i=1}^{n} TO(i) \\ TO2 = \mathrm{Median}\big[TO(i)\big] \end{array}\right\} \tag{4.20}$$

式中,δ^r 表示在 GPST 中的 GLONASS 卫星钟差,δ^{brdc} 是 GLONASS 广播星历中表示在 GLONASST 下的卫星钟差。通过对每颗卫星取平均或取中值的方式可以得到 GPST/GLONASST 的系统时差。

图 4.5 列出了上海天文台 GNSS 分析中心(SHA)及其他 IGS 分析中心估计的 GPST/GLONASST 时差及广播星历中得到的系统时差(未扣除 UTC (UNSO)、UTC(SU)之间的差值,量级为几个纳秒)。其中,IAC、ESX、EMX、GRX、GFX 分别为 IGS 几个分析中心基于多系统精密定轨给出的计算值,$BRDC$ 为广播星历给出的时差值,可以看出两种方法的结果存在很好的一致性。

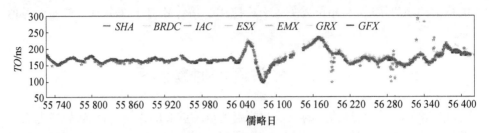

图 4.5　GPST/GLONASST 时差

§4.3　相位时差测量参数估计方法

4.3.1　相位时差测量的随机模型

随机模型主要包括两个部分:观测值的随机模型和待估参数的随机模型。通过研究观测量的方差 – 协方差矩阵给出统计特性。通常观测值中的伪距和载波相位观测值的初始方差之比定为 $100:1$,并且在具体平差过程中考虑到卫星信号噪声的影响,对每颗卫星的观测量根据其卫星高度角的大小予以定权。

假定某颗卫星的高度角为 el,天顶方向的无电离层测距码伪距观测值和载波相位观测值的标准差分别为 $\sigma_{0,P}$ 和 $\sigma_{0,L}$,则据此可以得到卫星的伪距和相位观测值方差分别为

$$\left.\begin{array}{l}\sigma_P^2 = \sigma_{0,P}^2/\sin^2(el)\\[2mm]\sigma_L^2 = \sigma_{0,L}^2/\sin^2(el)\end{array}\right\} \tag{4.21}$$

通常取 $\sigma_{0,P} = \pm 1\ \mathrm{m}$、$\sigma_{0,L} = \pm 0.01\ \mathrm{m}$,也可根据实际情况设定。根据式(4.21),某一历元所有卫星的观测值的协方差矩阵为

$$\boldsymbol{Q} = \begin{bmatrix} \sigma_{P,1}^2 & 0 & 0 & 0 & \cdots & 0 & 0 \\ 0 & \sigma_{L,1}^2 & 0 & 0 & \cdots & 0 & 0 \\ 0 & 0 & \sigma_{P,2}^2 & 0 & \cdots & 0 & 0 \\ 0 & 0 & 0 & \sigma_{L,2}^2 & \cdots & 0 & 0 \\ \vdots & \vdots & \vdots & \vdots & & \vdots & \vdots \\ 0 & 0 & 0 & 0 & \cdots & \sigma_{P,n}^2 & 0 \\ 0 & 0 & 0 & 0 & \cdots & 0 & \sigma_{L,n}^2 \end{bmatrix}_{(2n \times 2n)} \tag{4.22}$$

对协方差矩阵 $\boldsymbol{Q}$ 求逆,即可求得观测值的权矩阵 $\boldsymbol{P}$。

对于待估参数的随机模型,PPP 中待估参数主要有三类,包括接收机钟差参数、整周模糊度参数及天顶方向的对流层延迟参数。天顶方向对流层延迟参数的

随机过程采用随机游走过程(Zumberge et al,1997);接收机钟差参数通常可采用随机游走或者一阶高斯-马尔可夫过程;对于整周模糊度参数,在没发生周跳的情况下,当作常数处理,在周跳发生后,模糊度参数需要重新初始化。

4.3.2 相位时差测量的参数估计方案

PPP 的处理过程是基于观测值的非差定位后处理方式,其特点是观测值量大、待估参数多、计算量大,所以要快速准确地估计出参数需要选择合适的参数估计方法。可采用序贯最小二乘方法及卡尔曼滤波的方式进行处理。

序贯最小二乘方法一般流程如下:

对于连续观测的 GNSS 接收机数据 L,假设其历元间相关性为零,对于前后两个历元的观测值数据分别记为 L_k 和 L_{k-1},相应的权矩阵为 P_k 和 P_k,那么其误差方程可以表示为

$$V_k = B_k \hat{X}_k - L_k \tag{4.23}$$

$$V_{k-1} = B_{k-1} \hat{X}_{k-1} - L_{k-1} \tag{4.24}$$

序贯偏差的估计准则为

$$\Omega = V_k^{\mathrm{T}} P_k V_k + (\hat{X}_k - \hat{X}_{k-1})^{\mathrm{T}} P_{k-1} (\hat{X}_k - \hat{X}_{k-1}) = \min \tag{4.25}$$

可以推导出序贯平差的计算式为

$$\hat{X}_k = Q_{\hat{X}_k} [Q_{\hat{X}_k}^{-1} \hat{X}_{k-1} + B_R^{\mathrm{T}} L_R] \tag{4.26}$$

$$Q_{\hat{X}_k} = [Q_{\hat{X}_{k-1}}^{-1} + B_R^{\mathrm{T}} B_k]^{-1} \tag{4.27}$$

式中,$Q_{\hat{X}_1} = [B_1^{\mathrm{T}} B_1]^{-1}$,$\hat{X}_{k-1}$ 和 $Q_{\hat{X}_{k-1}}$ 是利用第一组观测数据计算出的未知参数的估计值和协方差矩阵。序贯解 $\hat{X}_k$ 为其先验值 $\hat{X}_{k-1}$ 与观测向量 L_k 的加权平均值。

以上就是序贯最小二乘平差的一般递推过程,从以上公式可以看出,序贯最小二乘方法具有不需要考虑参数的状态方程和状态参数的先验信息等特点,但不可避免地存在复杂的观测方程且要消耗大量的计算资源,一般可以考虑采用参数预先消除的方法来减少法方程的维数且在不损失历元信息的前提下提高计算效率。

卡尔曼滤波是一种线性最小方差估计,算法具有递推性,采用状态空间方法在时域内设计滤波器,适用于对多维(包括平稳和非平稳)随机过程进行估计。卡尔曼滤波由动力学模型和观测模型两部分组成。卡尔曼滤波器的 5 个基本公式为

$$X_{k,k-1} = \phi_{k,k-1} X_{k-1} \tag{4.28}$$

$$Q_{k,k-1} = \phi_{k,k-1} Q_{k-1} \phi_{k,k-1}^{\mathrm{T}} + Q_W \tag{4.29}$$

$$K_k = Q_{k,k-1} A_k^{\mathrm{T}} (A_k Q_{k,k-1} A_k^{\mathrm{T}} + R_k)^{-1} \tag{4.30}$$

$$X_k = X_{k,k-1} + K_k (L_k - A_k X_{k,k-1}) \tag{4.31}$$

$$Q_k = (I - K_k A_k) Q_{k,k-1} \qquad (4.32)$$

式中,$X_{k,k-1}$ 为 t_k 时刻状态预报向量,$Q_{k,k-1}$ 为 t_k 时刻状态预报向量协方差矩阵,$\phi_{k,k-1}$ 为 t_{k-1} 到 t_k 时刻状态转移矩阵,X_k 为 t_k 时刻状态估计向量,Q_k 为 t_k 时刻状态估计向量协方差矩阵,Q_W 为 t_k 时刻状态模型噪声矩阵,K_k 为增益矩阵,A_k 为 t_k 时刻观测设计矩阵,L_k 为 t_k 时刻观测向量,R_k 为 t_k 时刻观测向量协方差矩阵,I 为单位矩阵。

以上 5 式即为随机线性离散系统卡尔曼滤波的基本方程。只要给定初值 X_0 和 Q_0,根据 t_k 时刻的观测值 A_k,就可以递推计算得到 t_k 时刻的状态估计 X_k($k=1$,$2,\cdots,n$)。

采用卡尔曼滤波,PPP 时差测量未知参数即状态参数向量 $X_k = \begin{bmatrix} x & y & z & N_1 & N_2 & \cdots N_n & trop & \delta_r \end{bmatrix}^T$,其中 (x,y,z) 为接收机三维坐标,N 为无电离层组合模糊度参数,n 为参与解算的卫星个数,$trop$ 为对流层湿延迟,δ_r 为接收机钟差。$\phi_{k,k-1}$ 为状态转移矩阵,设定为单位矩阵,Q_W 为状态噪声的协方差矩阵,其表达式为

$$Q_W = \begin{bmatrix} 0 & \cdots & 0 & 0 \\ \vdots & & \vdots & \vdots \\ 0 & \cdots & \sigma_{\text{trop}}^2 & 0 \\ 0 & \cdots & 0 & \sigma_{\delta_r}^2 \end{bmatrix}_{((n+5)\times(n+5))} \qquad (4.33)$$

对流层参数与接收机钟差的噪声可以视为高斯白噪声或者随机游走,若视为高斯白噪声,对应 $\phi_{k,k-1}$ 矩阵中的元素应为 0;若视为随机游走过程,则对应的元素应为 1。

其中接收机三维坐标和模糊度参数保持不变。因此,在状态噪声协方差矩阵 Q_W 中,坐标参数和模糊度参数对应的协方差元素都为 0。σ_{trop}^2 可取经验值 1 cm²/h,$\sigma_{\delta_r}^2$ 取 1 ms²。

状态估计向量对应的初始协方差矩阵 Q_0 为

$$Q_0 = \begin{bmatrix} \sigma_{0,x}^2 & 0 & 0 & 0 & \cdots & 0 & 0 & 0 \\ 0 & \sigma_{0,y}^2 & 0 & 0 & \cdots & 0 & 0 & 0 \\ 0 & 0 & \sigma_{0,z}^2 & 0 & \cdots & 0 & 0 & 0 \\ 0 & 0 & 0 & \sigma_{0,N_1}^2 & \cdots & 0 & 0 & 0 \\ \vdots & \vdots & \vdots & \vdots & & \vdots & \vdots & \vdots \\ 0 & 0 & 0 & 0 & \cdots & \sigma_{0,N_n}^2 & 0 & 0 \\ 0 & 0 & 0 & 0 & \cdots & 0 & \sigma_{0,\text{trop}}^2 & 0 \\ 0 & 0 & 0 & 0 & \cdots & 0 & 0 & \sigma_{0,\delta_r}^2 \end{bmatrix}_{((n+5)\times(n+5))} \qquad (4.34)$$

位置坐标、模糊度参数、对流层参数和接收机钟差的初始方差分别可取经验值 100 m²、1.0×10^{10} m²、0.01 m²、1.0×10^{10} m²。

§4.4 PPP 相位时差测量算例

基于 PPP 处理策略,采用 §3.4 中的 GPS/GLONASS 卫星观测数据及上海天文台 GNSS 数据分析中心(SHA)提供的 GNSS 精密轨道和钟差产品,利用相位数据进行时差测量的处理,结果讨论如下。

4.4.1 与 GPST 的时差测量

图 4.6 为采用双频的 SHAOT 与 GPST 的时差值观测。从上下两幅子图可以看出,不同天之间的时差观测存在跳台阶现象。从多项式拟合残差的子图可以看到,残差统计 *RMS* 为 0.47 ns。

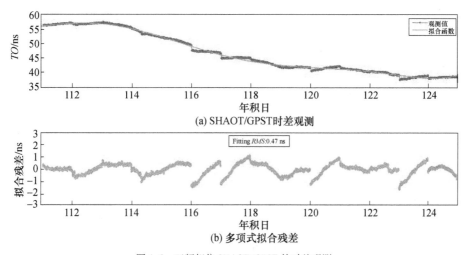

(a) SHAOT/GPST时差观测

(b) 多项式拟合残差

图 4.6 双频相位 SHAOT/GPST 的时差观测

不同天之间 SHAOT/GPST 时差测量值跳台阶的原因是由于精密卫星钟差文件在不同天之间存在跳跃。图 4.7 显示了其中一天(2013 年 4 月 21 日)SHAOT/GPST 的时差测量结果,可以看到采用相位观测获取的时差精度达到了 0.06 ns(2 cm)。

4.4.2 与 GLONASST 的时差测量

图 4.8 为 SHAOT 与 GLONASST 的时差值观测。从上下两幅子图可以看出,不同天之间的时差观测存在跳台阶现象。两周结果残差拟合的统计 RMS 为 0.56 ns。

不同天之间 SHAOT/GLONASST 时差测量值跳台阶的原因也是由于精密卫星钟差文件在不同天之间的跳跃造成的。图 4.9 显示了其中一天 SHAOT/GLONASST 的时差测量结果,可以看出采用相位观测获取的时差精度达到了 0.11 ns(3 cm)。

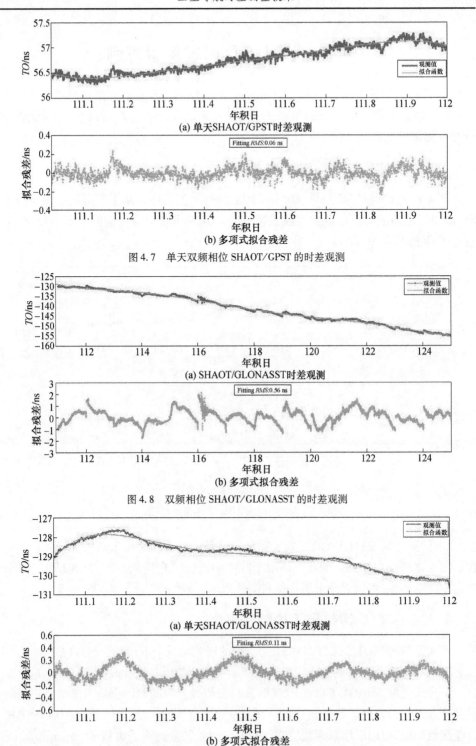

(a) 单天SHAOT/GPST时差观测

(b) 多项式拟合残差

图4.7　单天双频相位 SHAOT/GPST 的时差观测

(a) SHAOT/GLONASST时差观测

(b) 多项式拟合残差

图4.8　双频相位 SHAOT/GLONASST 的时差观测

(a) 单天SHAOT/GLONASST时差观测

(b) 多项式拟合残差

图4.9　单天双频相位 SHAOT/GLONASST 的时差观测

4. 4. 3　GPST/GLONASST 时差测量

将以上 SHAOT/GPST、SHAOT/GLONASST 时差值在每个历元进行相减,得到 GPS/GLONASS 两个导航系统的系统时差。两周的 GPS/GLONASS 系统时差如图 4. 10 所示,残差统计 RMS 为 0. 72 ns。

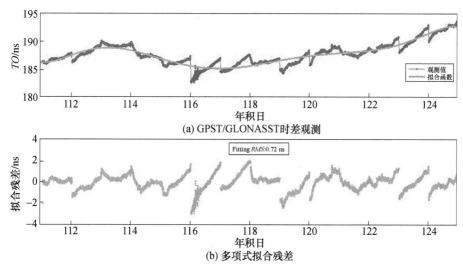

图 4. 10　双频相位 GPST/GLONASST 的时差观测

取 2011 年 4 月 21 日的结果,图 4. 11 显示了其中一天 GPS/GLONASS 的时差测量结果,采用相位观测获取的时差精度达到了 0. 10 ns(3 cm)。

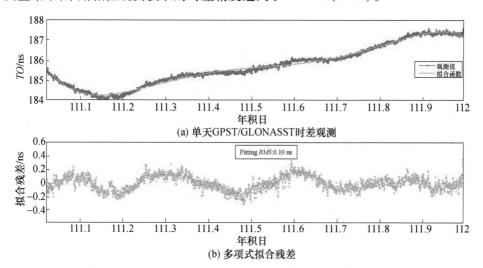

图 4. 11　单天双频相位 GPST/GLONASST 的时差观测

§4.5　多站网解相位时差测量算例

4.5.1　实验设计介绍

　　多站网解实验设计了 5 个测站 A、B、C、D 和 E，以及一个基准测站，该基准站作为网解技术的基准。其中 A、B、C、D 站距离较近，E 站距离大约为 2 000 km；以上 5 个测站除 C 站外均外接氢原子钟，其中 A、B 站外接至同一台氢原子钟。实验测量了 2015 年第 228 和 229 年积日的数据，并分别使用事后 PPP 和网解技术获取测站钟差，以 A 站作为基准，求取其他测站相对于 A 站的时差。对于 A 与 B 站的时差，由于扣除了时差测量的系统差，所以能够评定 GNSS 时差测量的精度。

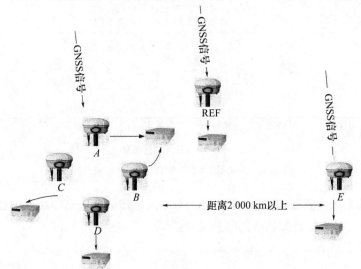

图 4.12　多站网解时差测量实验设计

4.5.2　PPP 及网解时差监测结果比较

　　图 4.13(详见文后彩图)给出了 PPP 时差监测方法分别得到的各测站的钟差。为了方便数据比对，首先将测站钟差进行了去一次项处理。

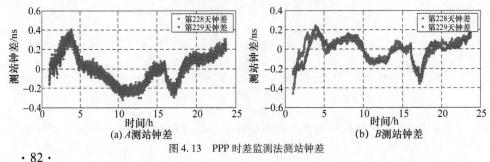

图 4.13　PPP 时差监测法测站钟差

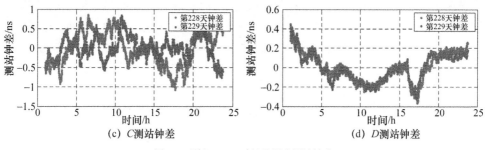

图 4.13(续)　PPP 时差监测法测站钟差

利用实时网解技术获取测站钟差,同样都去除一次项,但其结果不同,如图 4.14 所示(详见文后彩图)。

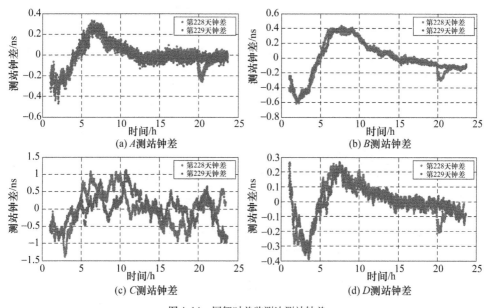

图 4.14　网解时差监测法测站钟差

统计两种时差测量方法的 *RMS* 值,如表 4.2 所示。

表 4.2　两种时差监测法钟差 *RMS* 统计比较　　　　　单位:ns

方法 \ 测站	A	B	D	均值
PPP	0.16	0.11	0.15	0.14
实时网解	0.13	0.24	0.12	0.16

分析两种方法得到的测站钟差,解算两天的吻合度较好且两种方法解算的钟差差异不大。由于 C 站未连接氢原子钟,其本身噪声较大,其他 3 个测站的钟差值

均表现出较小的噪声。从上表可以看到,对于外接原子钟的测站,3 种方法的测站钟差精度都在 0.2 ns 以内,平均为 0.16 ns。对于 A 与 B 站的时差,其频率差异为 -1.28×10^{-15},由于 A、B 外接了相同的时频信号,因此该频率的差异主要反映了接收机的噪声及性能。而 C 站 3 种技术求得的测站钟差 RMS 值均大于 0.3 ns,由于未接时频信号,其时差噪声较大。

将实时网解方法与事后 PPP 方法获取的时差测量值作比较,如图 4.15 所示(详见文后彩图)。图中看到,网解结果与 PPP 结果吻合较好,其差异的 RMS 值为 0.04 ns。

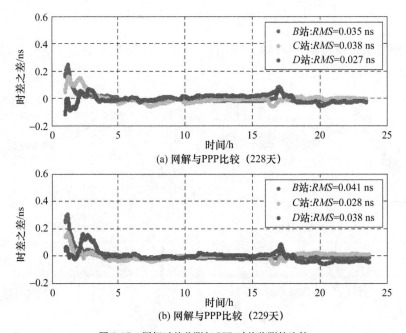

图 4.15　网解时差监测与 PPP 时差监测的比较

网解方法把卫星钟差与测站钟差一起作为参数估计,可实现长距离实时的时差观测。图 4.16(详见文后彩图)比较了距离达 2 000 km 的 E 站与 A 站的实时时差测量值与 PPP 事后处理的结果。两者结果基本吻合且两天的结果一致,差值的 RMS 均值为 0.14 ns。因此可以认为,对于长距离的测站,实时网解可与事后 PPP 解算精度一致。

4.5.3　时差频率稳定度结果分析

为了评定时差结果的频率稳定度,将第 228 天的时差利用阿伦方差分析并绘图,如图 4.17 所示(详见文后彩图)。由图分析可知,两天的数据结果在 10 000 s 左右的频率稳定度为 $1 \times 10^{-13} \sim 1.5 \times 10^{-13}$。由于 C 站钟并未外接原子钟,因而 C 站钟本身其数据质量较差,因而其时差分析只暂列结果,并未作深入分析。

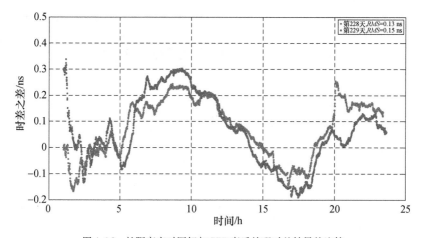

图 4.16   长距离实时网解与 PPP 事后处理时差结果的比较

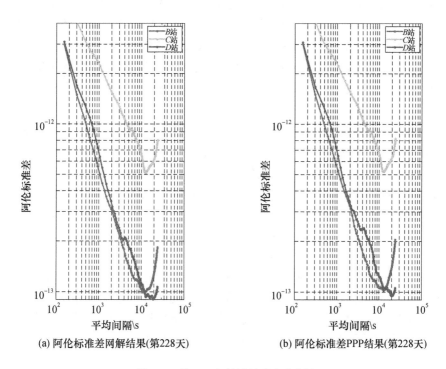

(a) 阿伦标准差网解结果(第228天)　　　　(b) 阿伦标准差PPP结果(第228天)

图 4.17   第 228 天时差频率稳定度分析

　　图中可看到 PPP 和实时网解时差监测的结果均能够达到优于 0.2 ns 的精度,频率万秒的稳定度为 $1 \times 10^{-13} \sim 1.5 \times 10^{-13}$。实时网解与 PPP 事后处理时差监测的精度相当,都优于 0.2 ns。对于距离达 2 000 km 的实时网解时差测量精度与PPP 差异为 0.14 ns。

第5章 时差测量预报

时差测量预报技术是基于时差测量值,采用一定的函数模型对时差测量值进行拟合,在此基础上进行预报。本章介绍了常用的多项式模型、灰色模型、ARIMA模型及周期项模型等,并且比较了这些模型的优缺点及使用范围。

§5.1 多项式模型

由于卫星的位置是与时间相关的函数,所以 GNSS 的观测量,都是以精密测时为依据。而卫星是通过卫星信号的编码信息把与卫星位置相应的时间信息传送给用户的,因此,在 GNSS 定位中,无论是载波相位观测或码相位观测,均要求接收机钟与卫星保持严格同步。实际上,尽管 GNSS 卫星均设有高精度的原子钟(铷钟和铯钟),但它们与理想的 GNSS 时之间,仍然存在着难以避免的偏差或漂移。

原子钟频率漂移引起的 GNSS 卫星钟、测站钟时间与标准时之间的差值称为钟差 δt,一般可以表示为

$$\delta t = a_0 + a_1(t - t_0) + a_2(t - t_0)^2 \tag{5.1}$$

式中,a_0 为参考时刻 t_0 时的钟差,a_1 为参考时刻 t_0 时的钟漂,a_2 为参考时刻 t_0 时的钟漂移率。

在对钟差精度要求不是很高的情况下,也可以表示为

$$\delta t = a_0 + a_1(t - t_0) \tag{5.2}$$

多项式模型简单实用、物理意义明确、短期拟合预报精度较高,因此在 GNSS 实时导航定位中被广泛应用。多项式模型的阶次选择主要取决于原子钟的频率稳定性和频漂特性,一般来说铯原子钟短期频率稳定性稍差,频漂不明显,宜选用一次多项式进行拟合预报;对于短期频率稳定性较好的铷原子钟,宜选用二次多项式进行拟合预报。

图 5.1(详见文后彩图)为 2013 年下半年,北斗卫星钟差的变化情况。从图中可以看出,北斗卫星钟差在 ±1 ms 范围内变化。由图可得 C02、C08、C11、C14 等卫星具有明显的频漂(线性项),频漂量级为 $10^{-13}/d$;而 C01、C06、C09 等卫星的频漂很小,量级为 $10^{-14}/d$。

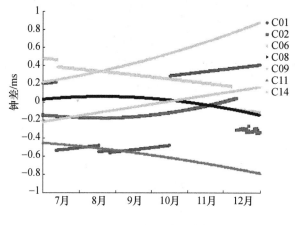

图 5.1　北斗卫星钟差时序

§5.2　灰色模型

　　灰色模型的研究对象是灰色系统。灰色系统是指部分信息已知、部分信息未知的系统,已知的信息称为白色,未知的信息称为黑色。它通过对原始数据实行累加或累减使之成为具有较强规律的新数列,然后对此生成数列进行建模。只要原始数列有 4 个以上数据就可通过生成变换,建立灰色模型。星载原子钟相当敏感,极易受到外界或本身因素的影响,从而很难了解其细致的变化规律,因此可以把钟差的变化过程看作是灰色系统。

　　灰色模型 GM (1,1)主要对时间序列累加生成后用微分拟合法构建一个单变量的一阶常系数微分方程。其模型建模过程如下:

　　(1)对 $X^{(0)}$ 作累加生成。已知原始数据序列为 $X^{(0)} = \{x^{(0)}(1), x^{(0)}(2), \cdots, x^{(0)}(n)\}$,对 $X^{(0)}$ 进行一次累加生成,得到生成序列 $X^{(1)} = \{x^{(1)}(1), x^{(1)}(2), \cdots, x^{(1)}(n)\}$,其中有

$$x^{(1)}(k) = \sum_{i=1}^{k} x^{(0)}(i) \qquad (k = 1,2,\cdots,n) \tag{5.3}$$

　　(2)建立模型并离散化。假定 $X^{(1)}$ 连续可微,且满足一阶线性微分方程,则有

$$\left.\begin{aligned} \frac{\mathrm{d}x^{(1)}(t)}{\mathrm{d}t} + a x^{(1)}(t) = b \\ x^{(1)}(t)\big|_{i=1} = x^{(0)}(1) \end{aligned}\right\} \tag{5.4}$$

式中,a、b 为待定参数。

　　将式(5.4)在区间 $[k, k+1]$ 上积分,可得

$$x^{(1)}(k+1) - x^{(1)}(k) + a \int_{k}^{k+1} x^{(1)}(t)\mathrm{d}t = b \tag{5.5}$$

式中, $x^{(1)}(k+1) - x^{(1)}(k) = x^{(0)}(k+1)$, 令 $\int_k^{k+1} x^{(1)}(t)\,\mathrm{d}t = Z^{(1)}(k+1)$, 则微分方程可离散化为

$$x^{(0)}(k+1) + aZ^{(1)}(k+1) = b \qquad (5.6)$$

(3)对 $X^{(1)}$ 作紧邻均值生成。由式(5.6)可知 $Z^{(1)}(k+1)$ 可表示为

$$Z^{(1)}(k+1) = \lambda x^{(1)}(k) + (1-\lambda)x^{(1)}(k+1) \qquad (5.7)$$

式中, $k = 1, 2, \cdots, n-1, \lambda = [0,1]$。

一般 $\lambda = 0.5$, 则有 $Z^{(1)}(k+1) = 0.5x^{(1)}(k) + 0.5x^{(1)}(k+1)$。

(4)利用最小二乘法,求解 a、b 参数。式(5.6)中的参数 a、b 可解得为

$$\hat{a} = \begin{bmatrix} a & b \end{bmatrix}^{\mathrm{T}} = (\boldsymbol{B}^{\mathrm{T}}\boldsymbol{B})^{-1}\boldsymbol{B}^{\mathrm{T}}\boldsymbol{Y} \qquad (5.8)$$

式中, $\boldsymbol{Y} = \begin{bmatrix} x^{(0)}(2) \\ x^{(0)}(3) \\ \vdots \\ x^{(0)}(n) \end{bmatrix}, \boldsymbol{B} = \begin{bmatrix} -Z^{(1)}(2) & 1 \\ -Z^{(1)}(3) & 1 \\ \vdots & \vdots \\ -Z^{(1)}(n) & 1 \end{bmatrix}$。

(5)建立预测公式。求出参数 a、b 后,得

$$\hat{x}^{(1)}(k+1) = \left(x^{(0)}(1) - \frac{b}{a}\right)e^{-ak} + \frac{b}{a} \qquad (k = 1, 2, \cdots, n-1) \qquad (5.9)$$

对式(5.9)做一次累减生成,得预测公式为

$$\hat{x}^{(0)}(k+1) = (1-e^a)\left(x^{(0)}(1) - \frac{b}{a}\right)e^{-ak} \qquad (5.10)$$

以上即是经典灰色模型的建模原理。

利用 $n(n \geq 4)$ 个观测值,根据最小二乘准则,即可求得 a、b 的参数估计值,进而可利用式(5.8)进行预报。

灰色模型的优点是不需要大样本的原始数据,只需要少量的已知数据(理论上只要原始数列有 3 个以上数据)就可以建立灰色模型,减少了数据使用量,提高了建模效率。

§5.3 ARIMA 模型

差分自回归移动平均模型(autoregressive integrated moving average model, ARIMA)的基本思想是:将预测对象随时间推移而形成的数据序列视为一个随机序列,用一定的数学模型来近似描述这个序列。这个模型一旦被识别后就可以从时间序列的过去值及现在值来预测未来值。该模型包含了时间序列的自回归(AR)模型和滑动平均(MA)模型,适用于平稳过程的时间序列。

设 $x_t(t = 0, \pm 1, \pm 2, \cdots)$ 是零均值平稳序列,满足如下模型,即

$$x_t - \sum_{i=1}^p a_i x_{t-i} = \varepsilon_t - \sum_{j=1}^q b_j \varepsilon_{t-j} \qquad (5.11)$$

式中：$\{\varepsilon_i\} \sim N(0,\sigma_\varepsilon^2)$ 为白噪声序列；$\{x_t\}$ 为观测值数据序列；a_i、b_j 分别为自回归系数和滑移平均系数，都是模型的参数；p、q 分别为自回归和滑动平均模型的阶数，当 $q=0$ 时，它退化成自回归 AR(p) 模型，当 $p=0$ 时，它退化成滑动平均 MA(q) 模型。

ARIMA 模型只适用于平稳随机序列，然而在实际应用中，观测数据很难满足这一要求，通常需要对其作差分处理。基于差分后的时间序列建立的模型称为求和自回归滑动平均模型，记为 $\{x_t\} \sim ARIMA(p,d,q)$，其中 d 为差分的阶数。

用 ARIMA 进行建模和预测的关键是根据数据的特性，正确合理地确定相应模型及适当的阶数 p、q，即模型定阶。通常的定阶方法包括两种：自相关函数和偏相关函数定阶法，以及 AIC 和 BIC 准则定阶法。

各种模型的特性可以通过自相关和偏相关函数反映出来。自相关函数的计算公式为

$$\rho_k = \frac{\sum\limits_{t=1}^{n-k} (x_t - \bar{x})(x_{t+k} - \bar{x})}{\sum\limits_{t=1}^{n} (x_t - \bar{x})^2} \tag{5.12}$$

式中，ρ_k 为自相关函数，x_t 为数据序列，$\bar{x}$ 为数据序列的均值。

偏相关函数的计算公式为

$$\left.\begin{aligned} \phi_{k,k} &= \rho_1 &&(k=1) \\ \phi_{k,k} &= \frac{\rho_k - \sum\limits_{j=1}^{k-1} \phi_{k-1,j}\,\rho_{k-j}}{1 - \sum\limits_{j=1}^{k-1} \phi_{k-1,j}\,\rho_j} &&(k=2,3) \\ \phi_{k,j} &= \phi_{k-1,j} - \phi_{k,k}\phi_{k-1,k-j} &&(k=2,3,\cdots,n; j=1,2,\cdots,k-1) \end{aligned}\right\} \tag{5.13}$$

式中，ϕ 为偏相关函数，ρ 为自相关函数。

通过判断 ϕ、ρ 的截尾特性可进行模型结构的初步判断。更为精确的确定可采用 AIC、BIC 准则，即赤池弘次给出的 ARIMA 模型定阶方法，函数为

$$AIC(p,q) = n \cdot \ln\{\hat{\sigma}^2(p,q) + 2(p+q)\}$$
$$BIC(p,q) = n \cdot \ln\{\hat{\sigma}^2(p,q)\} + 2(p+q) \cdot \ln(n) \tag{5.14}$$

式中，$\hat{\sigma}^2$ 为残差序列方差，n 为观测数据样本容量。

在模式识别完成后，需要对模型中的参数 a_i、b_j 进行估计，可采用的方法为迭代最小二乘法，使得

$$\sum_{t=1}^{n} \varepsilon_t^2 = \sum_{t=1}^{n} \left(x_t - \sum_{i=1}^{p} a_i x_{t-i} - \sum_{j=1}^{q} b_j \varepsilon_{t-j}\right)^2 \tag{5.15}$$

即达到最小值的估计值。

在完成参数估计之后，需要对模型进行检验。常用的检验方法是通过残差分析检验。其原理是通过检验残差 $e_t = x_t - \hat{x}_t$ 是否满足白噪声序列特性。检测过程

如下：

取 $m < n/4$，构造统计量为

$$\chi_m^2 = \sum_{t=1}^{n} n\rho^2(k)$$

式中，$\rho(k) = \gamma(k)/\gamma(0)$，且有

$$\gamma(k) = (1/n)\sum_{t=1}^{n-k}(e_t \cdot e_{t+k}) \quad (k = 1,2,\cdots,m)$$

由于 $\chi_m^2 \sim \chi^2(m)$，因此给定置信水平 α 后，可得 $\chi_\alpha^2(m)$。若 $\chi_m^2 > \chi_\alpha^2(m)$ 则认为 e_t 不是白噪声序列；若 $\chi_m^2 < \chi_\alpha^2(m)$ 则认为 e_t 是白噪声序列，并认为建模是合适的。

§5.4　卡尔曼滤波模型

对于某一参考时刻 t_0，在 t 时，原子钟差 δt 可以表示为

$$\delta t = a + b(t - t_0) + c(t - t_0)^2 + \varepsilon_1(t) + \varepsilon_2(t) \tag{5.16}$$

式中，a、b、c 为二次多项式系统误差参数，$\varepsilon_1(t)$ 为相位噪声，$\varepsilon_2(t)$ 为测量噪声。根据经典相位噪声理论，$\varepsilon_1(t)$ 由五种独立的噪声构成：相位白噪声 h_2、相位闪烁噪声 h_1、频率白噪声 h_0、频率闪烁噪声 h_{-1} 和频率随机游走噪声 h_{-2}。而 $\varepsilon_2(t)$ 一般可以假设为白噪声。

对表达式(5.16)进行归一化处理，即令 $t_0 = 0$，得

$$\delta t = a + bt + ct^2 + \varepsilon_1(t) + \varepsilon_2(t) \tag{5.17}$$

则卡尔曼预报时差模型为

$$\begin{aligned}
X(t) &= X_1(t) + n_4(t) + n_1(t) \\
X_1(t) &= X_2(t) + n_2(t) \\
X_2(t) &= X_3(t) + n_3(t) \\
X_3(t) &= 0
\end{aligned} \tag{5.18}$$

式中，$X(t)$ 为式(5.16)中的 δt，$n_1(t)$、$n_2(t)$ 和 $n_3(t)$ 均是相互独立的白噪声，分别代表了相位噪声 $\varepsilon_1(t)$ 中的相位白噪声 h_2、频率白噪声 h_0 和频率随机游走噪声 h_{-2}，$n_4(t)$ 为测量白噪声。

如果设 $n_1(t)$、$n_2(t)$、$n_3(t)$ 和 $n_4(t)$ 的方差分别为 σ_1^2、σ_2^2、σ_3^2 和 σ_4^2，采样时间为 τ，则离散化后的状态转移模型和观测模型为

$$\begin{bmatrix} X_1(k+1) \\ X_2(k+1) \\ X_3(k+1) \end{bmatrix} = \begin{bmatrix} 1 & \tau & \frac{1}{2}\tau^2 \\ 0 & 1 & \tau \\ 0 & 0 & 1 \end{bmatrix} \begin{bmatrix} X_1(k) \\ X_2(k) \\ X_3(k) \end{bmatrix} + \begin{bmatrix} u_1(k) \\ u_2(k) \\ 0 \end{bmatrix} \tag{5.19}$$

$$X(k) = X_1(k) + n_1(k) + n_4(t) \tag{5.20}$$

噪声方差矩阵 $\boldsymbol{Q}$ 和测量方差矩阵 $\boldsymbol{R}$ 分别为

$$\boldsymbol{Q} = \begin{bmatrix} \tau\sigma_2^2 + \dfrac{1}{3}\tau^2\sigma_3^2 & \dfrac{1}{2}\tau^2\sigma_3^2 & 0 \\[2mm] \dfrac{1}{2}\tau^2\sigma_3^2 & \tau\sigma_3^2 & 0 \\[2mm] 0 & 0 & 0 \end{bmatrix} \tag{5.21}$$

$$\boldsymbol{R} = \sigma_1^2(k) + \sigma_4^2(k) \tag{5.22}$$

以上是卡尔曼时差滤波算法,设预报的时刻离最后一个滤波值的时间间隔为 $n\tau$,则预报值为

$$\delta t((k+n)\times\tau) = \begin{bmatrix} 1 & 0 & 0 \end{bmatrix} \begin{bmatrix} 1 & \tau & \dfrac{1}{2}\tau^2 \\[2mm] 0 & 1 & \tau \\[2mm] 0 & 0 & 1 \end{bmatrix}^n \begin{bmatrix} X_1(k) \\ X_2(k) \\ X_3(k) \end{bmatrix} \tag{5.23}$$

式(5.19)~式(5.23)为完整的卡尔曼时差预报算法模型。

§5.5　周期项拟合预报模型

5.5.1　周期项模型

通常钟差序列中除了包含线性或二次曲线性变化规律外,还包括周期性变化规律,因此周期项模型也是钟差拟合预报中的常用模型之一。

图 5.2 为 GPS PRN09 号卫星在扣除多项式模型之后的钟差残差。其序列显示出明显的周期特性。

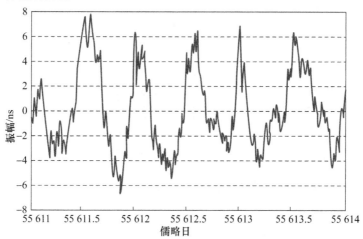

图 5.2　GPS PRN09 号卫星三天钟差数据去除线性的残差

对于含有周期性变化的钟差序列,项目组利用频谱分析方法找出数据序列中存在的显著周期项,从而对其进行建模,提高预报模型的准确性。以顾及线性趋势项为例,构建钟差序列 x_i 的周期项模型为

$$x_i = a_0 + b_0 \cdot \delta t_i + \sum_{l=1}^{k} A_l \cdot \sin(w_l \cdot \delta t_i + \phi_l) + \varepsilon_i \qquad (5.24)$$

式中,a_0、a_1 分别为线性趋势项的系数,k 为显著周期项函数的个数,f_l 为对应周期项的频率,A_l、ϕ_l 分别为对应周期项的振幅和相位,δt_i 为拟合历元与参考历元的差值,ε_i 为 x_i 的残差,k 和 f_l 可由频谱分析的方法确定。

在分析卫星钟差特性的过程中,需要搜索卫星钟差的主频率,这时就需要一种处理带有周期数据的数据处理方法。最小二乘频谱分析(least squares spectral analysis,LSSA)、快速傅里叶变换(fast fourier transform,FFT)或离散傅里叶变换(discrete fourier transform,DFT)都可用于研究时间序列中可能存在的周期信号,并比较各种频率波动的振幅或功率,可以确定主要周期。

使用FFT有一个限制:它要求数据必须等间隔、等权、连续和平稳,对于不满足这些条件的数据,FFT采用数据内插(如线性内插)使间断的数据连续,使不等间距数据等间距化及提取趋势项、修正数据漂移等。由于这个限制,如果选择时间段内的数据不满足以上条件,信号就不能直接用FFT方法来处理。针对FFT的不足和局限性,Vanicek 于1971年提出了最小二乘谱分析(least squares spectrum analysis,LSSA),将最小二乘逼近原理用于谱分析中,解决了测量数据采集中经常出现的诸如数据序列不等间隔、不等权、不平稳、有断链、尖峰、漂移等需要进行数据预处理的问题。Pagiatakis(2000)给出了数据序列不等权情况下的 LSSA 公式,提出了用数理统计理论检验最小二乘谱的显著性方法,并总结出该方法具有如下优越性:① 系统误差可以得到严格抑制,而不产生谱峰的漂移;② 不等间距的序列不需要预处理;③ 可以处理具有协方差矩阵的时间序列;④ 能进行谱峰显著性的统计检验。

信号的不连续问题可以用多种方法解决(如数据内插、填补信号等)。在填补信号后,就可以使用FFT方法处理得到显著频率且和用 LSSA 方法处理得到的频率接近。假设信号平稳,则得到的结果就是相同的。使用 FFT 方法的好处是计算时间短、计算出的频率是正交关系且不相关。LSSA 方法需要更长的计算时间,得到的频率可能是相关的,并且 LSSA 可以处理不平稳的采样数据。

5.5.2　最小二乘频谱分析

在实际过程中,采样都是离散和有限的。如果是连续信号,在应用计算机处理时也需要进行截断并离散化,构成时间序列。一般来说,时间序列若有周期波动,均能够使用最小二乘频谱分析得出它的主频率。

假定有一段离散时间序列 $f_i = f(t_i)$，$i = 1、2、\cdots、N$，在任何一个时间点 t_i 都对应着一个观测值 f_i，$S(\omega_j)$ 为一系列的频谱值，ω_j 为一系列的频率值，频率 ω_j 对应的频谱值为 $S(\omega_j)$。$f(t_i)$ 中不宜含明显的趋势项，如果有，应首先通过趋势项拟合消除趋势项的影响。

当去除趋势项后，可进行最小二乘频谱分析，首先对卫星钟差模型的公式进行线性变换，即

$$P_i \sin(\omega_i t + \theta_i) = c_1 \sin(\omega_j t) + c_2 \cos(\omega_j t) \tag{5.25}$$

若给定了一个频率值 ω_j 和一系列观测值 f，则有

$$f = c\boldsymbol{\varphi} = \begin{bmatrix} c_1 \\ c_2 \end{bmatrix} \begin{bmatrix} \varphi_1 & \varphi_2 \end{bmatrix} \tag{5.26}$$

式中，$\varphi_1 = \sin(\omega_j t)$，$\varphi_2 = \cos(\omega_j t)$。通过矩阵运算，可以求得系数 c_1、c_2，即

$$c = (\boldsymbol{\varphi}^{\mathrm{T}} \boldsymbol{\varphi})^{-1} \boldsymbol{\varphi}^{\mathrm{T}} f \tag{5.27}$$

求出系数 c_1、c_2 后，接着计算频谱值 $S(\omega_j)$，即

$$S(\omega_j) = \sum_i c_i \varphi_i \tag{5.28}$$

由于频谱值 $S(\omega_j)$ 没有什么直观的意义，因此把它转化成振幅 P_j，构成直观的振幅频率图。对应于频率为 ω_j 的振幅 P_j 为

$$\|P_j\| = \sqrt{(c_{1,j})^2 + (c_{2,j})^2} \tag{5.29}$$

这样就可以求得直观的频谱图，若频谱图上突然出现峰值，说明这一时间序列在峰值的最大处所对应的频率 ω_j 下功率很大。

图 5.3 为 GPS PRN18 号卫星三年数据处理得出的卫星钟差频谱图，可以明显地看出频谱图上出现的 4 个峰值。

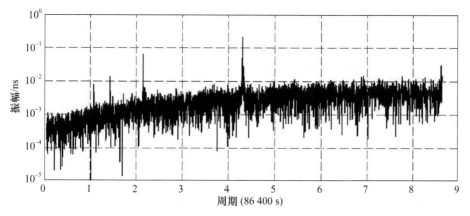

图 5.3　GPS PRN18 号卫星三年数据的频谱

§5.6 时差预报改进模型

通过对 GNSS 钟差预报模型的研究,考虑到短期的系统时差时间序列具有线性或抛物线特性,并且常常会带有周期性变化的趋势,因此基于系统时差数据的多项式预报模型常采用一次或二次多项式模型进行时差预报。但是多项式预报模型并不能描述时差序列中的周期性变化趋势,因此需要对多项式模型进行改进。

可采用改进的时差预报模型,其函数模型为

$$x_i = \kappa a_0 + a_1\delta t_i + \gamma a_2\delta t_i^2 + \sum_{l=1}^{k} A_l\sin(\omega_i\delta t_i + \varphi_l) + \varepsilon_i \qquad (5.30)$$

与以上周期项模型相比,式(5.30)增加了系数项 κ、γ,其分别代表了常数项及二次项系数的修正比例。其中常数项修正用于改正预报中系统偏差,而二次项修正比例用于控制是否采用二次项模型。

在实际预报工作中,拟合模型的预报结果仍存在起点偏差。针对该偏差可采用对常数项增加尺度 κ 的方法进行处理。利用拟合数据段最后若干历元的时差数据预报得到下一数据段首历元的时差值 x_0,将其取代原预报模型的常数项 a_0,实现对预报模型的起点修正。这样处理的优势是一方面通过最临近历元的预报值对其预报模型存在的系统误差进行修正;另一方面仍保留整体预报模型的形态,即不改变拟合模型中的频率参数 a_1 和频漂参数 a_2 及周期项,仅对拟合模型进行了平移,很好地继承了观测弧段拟合得到的时差模型。

对于 GNSS 时差预报,选择一次多项式模型还是二次多项式模型主要取决于时差的频漂是否明显,γ 的确定可根据拟合数据段残差标准差指标进行自适应确定。具体的判断准则为

$$x_i = a_0 + a_1\delta t_i + \gamma a_2\delta t_i^2 + \varepsilon_i,\gamma = \begin{cases} 1,RMS_1 > RMS_2 \\ 0,RMS_1 \leqslant RMS_2 \end{cases} \qquad (5.31)$$

式中,RMS_1 为一次多项式时差拟合模型的残差均方差,RMS_2 为二次多项式时差拟合模型的残差均方差。

§5.7 时差预报算例

采用中科院上海天文台计算的时差测量数据,分别对 BDT/GPST 和 BDT/GLONASST 系统时差进行预报。其中时差测量的数据包括三种类型:SHA(利用上海天文台提供的精密轨道、钟差进行 PPP 处理),IGS(利用 IGS 提供的精密轨道、钟差进行 PPP 处理),HATCH(利用广播星历采用伪距计算)。将时差的预报时长

设置为 1 天,预报周期设置为 30 min,对 2013 年 4 月 21 日到 2013 年 5 月 10 日共
20 天的时差监测数据进行预报,并统计其单天预报精度,结果如表 5.1 所示。

表 5.1　不同时差监测数据下单天时差预报精度　　　单位:ns

时间 (年月日)	SHA		IGS		HATCH	
	GPS	GLONASS	GPS	GLONASS	GPS	GLONASS
20130421	0.58	2.84	0.24	—	1.80	5.39
20130422	0.43	1.47	0.66	0.64	1.24	1.91
20130423	0.51	12.80	0.24	0.39	0.94	12.90
20130424	2.41	9.38	0.30	—	1.56	8.94
20130425	1.12	4.06	0.33	5.26	1.62	6.69
20130426	0.49	2.50	0.23	1.81	1.12	2.60
20130427	1.54	2.77	1.00	2.91	2.35	12.90
20130428	0.45	1.42	1.04	0.62	0.37	3.04
20130429	0.70	2.03	0.18	1.31	1.84	4.06
20130430	0.55	0.88	0.17	0.42	1.19	1.86
20130501	1.24	1.19	0.34	0.73	0.58	2.77
20130502	0.66	0.63	0.52	0.62	0.45	2.21
20130503	1.24	0.95	0.53	0.41	0.99	2.61
20130504	0.40	1.04	0.17	0.88	0.60	3.57
20130505	0.12	1.66	0.73	1.01	0.46	4.68
20130506	0.14	1.12	0.36	0.77	0.29	3.84
20130507	0.90	2.09	0.22	1.69	0.87	2.37
20130508	1.25	2.57	0.59	4.69	1.48	2.09
20130509	1.48	2.96	0.22	2.40	1.75	3.61
20130510	1.32	0.73	0.54	2.76	2.10	2.17
平均精度	0.88	1.83	0.43	1.63	1.18	3.26

注:"—"表示无数据。

表 5.1 中的"—"表示没有相应的监测时差数据,无法进行时差的预报,共有
2013 年 4 月 21 日和 24 日两天的 IGS-BDT/GLONASST 系统时差属于这种情况。
2013 年 4 月 23 日和 2013 年 4 月 24 日两天的 SHA-BDT/GLONASST 和 HATCH-
BDT/GLONASST 系统时差及 2013 年 4 月 27 日的 HATCH-BDT/GLONASST 系统时
差由于监测数据出现异常导致时差预报偏差较大。异常情况如图 5.4、图 5.5 所示,
SHA-BDT/GLONASST 系统时差在天与天之间出现跳跃(正常情况下时差序列应是连
续的),HATCH-BDT/GLONASST 系统时差则在天与天之间出现较大的波动。

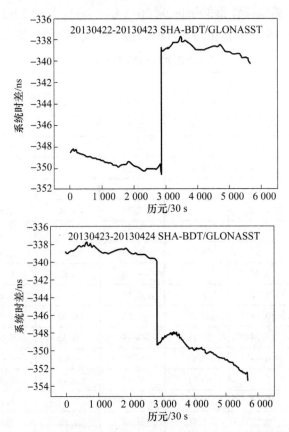

图 5.4　SHA 系统时差数据两天的异常分析(明显跳变的时刻分别为相邻两天 0 点)

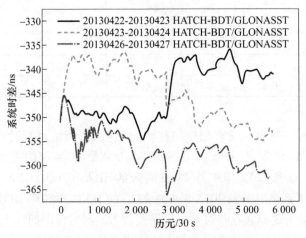

图 5.5　HATCH 系统时差数据的异常分析

对以上结果进行统计,将每天预报精度统计和变化分别如表 5.2、图 5.6 及图 5.7所示。可以看到,采用 SHA 数据的平均单天预报精度分别为 0.88 ns 和 1.83 ns,采用 IGS 数据的平均单天预报精度分别为 0.43 ns 和 1.63 ns,采用 SHA 时差监测数据的平均单天预报精度分别为 1.18 ns 和 3.26 ns。每天的 BDT/GPST 系统时差的单天预报精度均优于 3 ns,BDT/GLONASST 系统时差的单天预报精度稍差。

表 5.2　GNSS 时差预报技术指标实现情况　　　　　　　　单位:ns

数据类型	SHA		IGS		HATCH	
	GPS	GLONASS	GPS	GLONASS	GPS	GLONASS
单天预报平均精度	0.88	1.83	0.43	1.63	1.18	3.26
单天预报最差精度	2.41	4.06	1.04	5.26	2.35	6.69

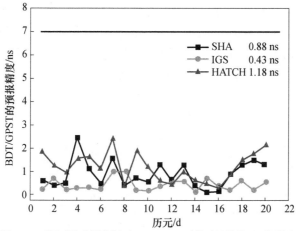

图 5.6　不同时差监测数据下 BDT/GPST 系统时差的单天预报精度

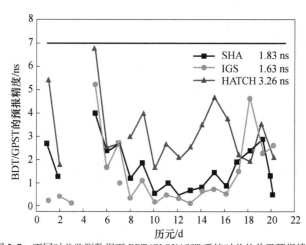

图 5.7　不同时差监测数据下 BDT/GLONASST 系统时差的单天预报精度

第6章 时差测量数据处理系统

卫星导航系统时差测量数据处理系统的任务是利用多种观测设备,获取多频伪距相位等观测数据,并利用时差测量及预报软件,进行时差的实时测定。

§6.1 系统组成

系统组成如图6.1所示,主要包括 GNSS 接收机、数据处理软件与硬件设备。其中,GNSS 接收机以北斗全球卫星导航系统时间基准 BDT 为参考输入时标,接收 BDS/GPS/GLONASS 等系统信号,形成相应的伪距相位观测值。数据处理软件基于实时相位平滑伪距(SMT)算法、准实时单站精密单点定位(PPP)算法及多站相位网解(NET)方法,对 BDT 进行监测并计算北斗系统时间与 GPS/GLONASS 等系统的时间偏差。基于时差计算的结果,进行时差稳定度分析及高精度时差预报。在此基础上,通过主控站的上行天线进行时差参数的上行注入发播。

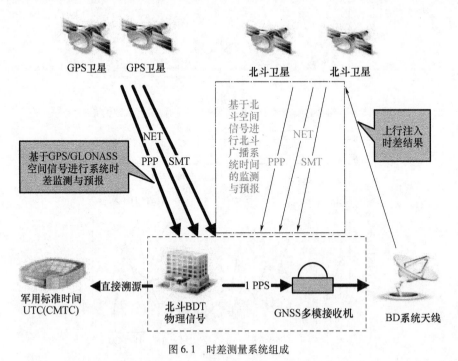

图6.1 时差测量系统组成

6.1.1　观测系统

观测系统包括 GNSS 多模接收机及配套软件、SR620 时间间隔计数器、数据采集处理工作站,设备搭建连接框图如图 6.2 所示。

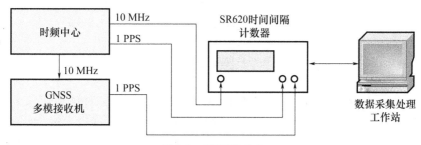

图 6.2　观测系统组成

工作流程为:时频系统输出 2 路 10 MHz 正弦波频率信号分别作为 GNSS 多模接收机和 SR620 时间间隔计数器的外插时间基准,输出 1 路 1 PPS 时间信号作为 SR620 时间间隔计数器的参考信号,GNSS 多模接收机输出 1 路 1 PPS 信号作为 SR620 时间间隔计数器的被测信号,完成时频系统精密时间信号与 BDT/GPST/GLONASST 时差的实时监试及高精度数据的获取。

6.1.2　设备时延校正系统

观测系统中的 GNSS 接收机在时频系统连接时,存在设备时延,需要开展相应的校正,可采用直接输出法和伪距观测法。

(1)直接输出法。接收机接收导航卫星信号,直接输出 1 PPS 信号,通过比对不同系统接收机的 1 PPS 信号,可以得到系统的时差,如图 6.3 所示,其设备时延可定义为天线相位中心到 1 PPS 信号输出的时延。

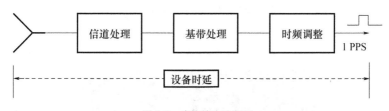

图 6.3　直接输出法原理

(2)伪距观测法。参考系统的 1 PPS 信号输入接收机中,接收机以参考系统的 1 PPS 信号作为基准进行测距,并输出伪距观测量,此时的伪距观测量就包含了系统时差和设备时延,如图 6.4 所示,其设备时延定义为参考 1 PPS 输入到天线相位中心的时延。

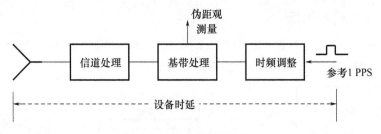

卫星导航时差测量技术

图 6.4　伪距观测法原理

　　电缆时延与接收机时延组合的时延可采用全链路设备时延标定的方法,如图 6.5所示。将模拟源与波导探头连接,接收天线与 GNSS 接收机连接,波导探头与接收天线距离为 3~4 m,且相位中心处于同一水平线上,这样就组成了无线回路。将铷钟输出的 10 MHz 时频信号接入模拟源、接收机和时间间隔计数器时频参考入口,这样能保证模拟源、接收机和时间间隔计数器同源。将模拟源和接收机的 1PPS 分别接入时间间隔计数器的两端,计数器读数即为全链路时延。当接收机采用伪距观测法时,模拟源的 1PPS 直接接入接收机中,接收机的伪距观测量为全链路时延。

　　整体时延标校采用的是无线环路,为消除空间信号对标校精度的影响,标校应在微波暗室中进行,如图 6.6 所示。

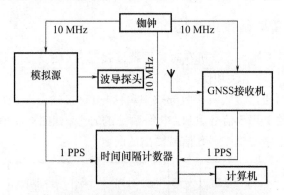

图 6.5　全链路设备时延标定方法

图 6.6　全链路设备时延测试环境

6.1.3 数据处理系统

数据处理系统采用 BDS/GPS/GLONASS 多模接收机的观测数据,进行高精度数据处理,获取精密时差结果。图 6.7 为上海天文台开发的 GNSS 时差测量数据处理分析软件系统 GNSSTMP。该软件在 Visual C++ 6.0 平台上开发研制,主要功能包括 GNSS 时差监测、GNSS 时差预报、GNSS 时差预报信息统计、GNSS 时差预报信息绘图等,可应用于 GNSS 各时间系统间时差的解算与预报研究等多种应用领域,为 GNSS 用于授时及时间预报等提供服务。

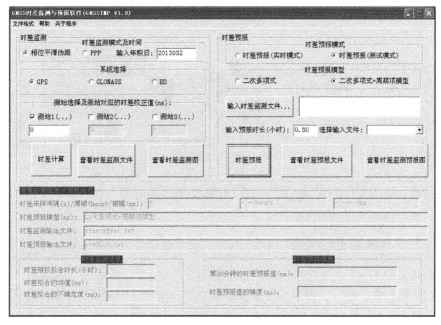

图 6.7 数据处理系统运行界面

§6.2 导航系统时差测量数据处理

6.2.1 测站坐标

基于以上工作,建立北斗、GPS、GLONASS 系统时差测量系统。系统采用的多模接收机放于固定点,能够接收多系统的观测数据。首先采用后处理的方式求该测站的精确坐标,图 6.8 列出了 2013 年 5 月 22 日至 6 月 10 日连续 20 天坐标结果在三个方向上与其均值的差异及其标准差。

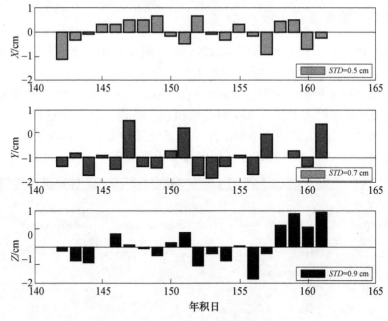

图 6.8　监测站坐标重复性

从图 6.8 中可以看出,连续 20 天内的坐标解算结果差异很小,在各个方向上最大差异不超过 2 cm,标准差在毫米级。

6.2.2　数据处理设置

利用 GNSSTMP 软件对以上时差观测进行处理,主要采用以下几种方法:

(1)精密单点定位(PPP)。该方法需要卫星的精密轨道和钟差数据,因此适用于事后处理,分别采用 IGS 和上海天文台 GNSS 分析中心(SHA)提供的精密轨道和卫星钟差数据,计算得到 GPST/BDT 和 GLONASST/BDT 的时差。

(2)实时相位平滑伪距。本方法利用相位观测值噪声较小的优势,对伪距观测值进行平滑。利用平滑后的伪距观测值及快速精密星历,对 GNSS 观测数据进行处理,得到 GPST/BDT 和 GLONASST/BDT 的时差。

(3)实时伪距监测。直接利用伪距观测值和导航星历文件,计算得到 GPST/BDT 和 GLONASST/BDT 的时差,这种方法能实时给出 GNSS 时差监测结果。

在以上几种方法中,伪距及相位平滑伪距的方法可以获取实时 GNSS 时差,广播星历的精度影响其精度。而由于实时卫星精密钟差可靠性不好,PPP 的方法一般用于事后处理。基于上海天文台 GNSS 分析中心提供的快速 GNSS 精密产品,PPP 处理获取的时差延迟最短可缩短至 1 h。

§6.3　导航系统时差测量结果

6.3.1　GPST/BDT 系统时差监测

采用以上三种不同方法,对 2013 年 4 月 21 日至 2013 年 6 月 13 日连续 54 天的 GPS 观测数据进行处理,得到了 GPST/BDT 的系统时差。图 6.9 给出了采用 PPP 模式及采用实时伪距方法得到的该时间段内 GPST/BDT 系统时差变化趋势。

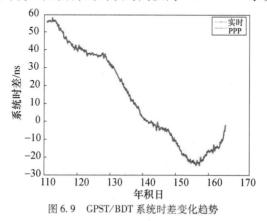

图 6.9　GPST/BDT 系统时差变化趋势

图 6.9 中,横坐标为年积日,纵坐标为 GPST/BDT 系统时差。从图中可以看出这段时间内不同方法获取的 GPST/BDT 时差变化趋势一致。

采用第 2 章给出的方法计算每天的时差监测精度,图 6.10 和表 6.1 分别给出了采用三种不同方法得到的 GPST/BDT 时差监测精度统计结果。

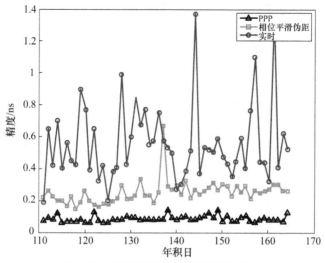

图 6.10　GPST/BDT 时差监测精度统计结果

表 6.1   GPST/BDT 时差监测精度统计结果

时间	年积日	PPP/ns	相位平滑伪距/ns	实时/ns
4 月 21 日	111	0.07	0.22	0.19
4 月 22 日	112	0.09	0.26	0.65
4 月 23 日	113	0.08	0.22	0.42
4 月 24 日	114	0.12	0.20	0.70
4 月 25 日	115	0.06	0.20	0.40
4 月 26 日	116	0.07	0.17	0.56
4 月 27 日	117	0.07	0.22	0.45
4 月 28 日	118	0.07	0.15	0.42
4 月 29 日	119	0.08	0.19	0.90
4 月 30 日	120	0.06	0.26	0.77
5 月 1 日	121	0.06	0.20	0.39
5 月 2 日	122	0.13	0.17	0.65
5 月 3 日	123	0.07	0.16	0.32
5 月 4 日	124	0.06	0.18	0.42
5 月 5 日	125	0.06	0.18	0.20
5 月 6 日	126	0.08	0.19	0.38
5 月 7 日	127	0.08	0.21	0.40
5 月 8 日	128	0.08	0.29	0.99
5 月 9 日	129	0.10	0.21	0.42
5 月 10 日	130	0.09	0.21	0.60
5 月 11 日	131	0.09	0.23	0.84
5 月 12 日	132	0.08	0.33	0.67
5 月 13 日	133	0.08	0.23	0.77
5 月 14 日	134	0.08	0.23	0.55
5 月 15 日	135	0.08	0.19	0.57
5 月 16 日	136	0.08	0.25	0.75
5 月 17 日	137	0.08	0.67	0.58
5 月 18 日	138	0.14	0.29	0.53
5 月 19 日	139	0.09	0.27	0.50
5 月 20 日	140	0.08	0.29	0.27
5 月 21 日	141	0.09	0.24	0.30

续表

时间	年积日	PPP(ns)	相位平滑伪距(ns)	实时(ns)
5 月 22 日	142	0.10	0.32	0.38
5 月 23 日	143	0.08	0.22	0.51
5 月 24 日	144	0.08	0.27	1.37
5 月 25 日	145	0.09	0.24	0.37
5 月 26 日	146	0.10	0.26	0.53
5 月 27 日	147	0.12	0.28	0.52
5 月 28 日	148	0.09	0.31	0.50
5 月 29 日	149	0.14	0.27	0.59
5 月 30 日	150	0.07	0.30	0.47
5 月 31 日	151	0.10	0.29	0.43
6 月 1 日	152	0.07	0.23	0.35
6 月 2 日	153	0.07	0.29	0.44
6 月 3 日	154	0.09	0.25	0.59
6 月 4 日	155	0.10	0.29	0.40
6 月 5 日	156	0.07	0.21	0.77
6 月 6 日	157	0.06	0.26	1.10
6 月 7 日	158	0.08	0.25	0.44
6 月 8 日	159	0.09	0.26	0.44
6 月 9 日	160	0.08	0.27	0.32
6 月 10 日	161	0.08	0.30	1.26
6 月 11 日	162	0.08	0.30	0.41
6 月 12 日	163	0.07	0.26	0.62
6 月 13 日	164	0.12	0.26	0.52
平均精度		0.08	0.25	0.53

从图 6.10 和表 6.1 中可看出,采用 PPP 的方法得到的时差监测统计精度非常高,在 0.1 ns 以内。相位平滑伪距的精度也能达到 0.25 ns 左右,而采用伪距和广播星历得到的实时结果精度约为 0.53 ns。

6.3.2 GLONASST/BDT 系统时差监测

采用三种不同方法,对 2013 年 4 月 21 日至 2013 年 6 月 13 日连续 54 天 GLONASS 卫星的观测数据进行处理,得到了 GLONASST/BDT 的系统时差,图 6.11 给出了采用 PPP 模式及采用实时伪距方法得到的 GLONASST/BDT 系统时差变化趋势。

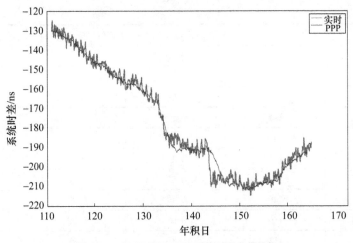

图 6.11 GLONASST/BDT 系统时差变化趋势

  图 6.11 中,横坐标为年积日,纵坐标为 GLONASST/BDT 系统时差。从图中可以看出这段时间内不同方法获取的 GPST/BDT 时差变化趋势基本一致。5 月 23 日到 5 月 24 日 GLONASS 系统时间存在一个明显的跳变,这时 PPP 与实时伪距的结果存在一些差异,这主要是由于 GLONASS 精密钟差与广播星历钟差基准的差异造成的。此外,GLONASST/BDT 的时差变化趋势与 GPST/BDT 变化趋势存在明显差别,且波动会大些。

  计算 GLONASST/BDT 的时差监测精度,统计结果如图 6.12 和表 6.2 所示。

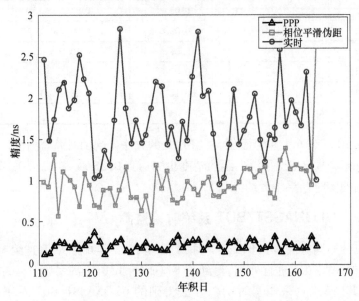

图 6.12 GLONASST/BDT 时差监测精度统计结果

表 6.2　GLONASST/BDT 时差监测精度统计结果

时间	年积日	PPP/ns	相位平滑伪距/ns	实时/ns
4 月 21 日	111	0.11	0.98	2.45
4 月 22 日	112	0.13	0.92	1.48
4 月 23 日	113	0.23	1.31	1.74
4 月 24 日	114	0.26	0.57	2.09
4 月 25 日	115	0.25	1.11	2.18
4 月 26 日	116	0.20	1.00	1.88
4 月 27 日	117	0.24	0.92	1.96
4 月 28 日	118	0.18	0.68	2.51
4 月 29 日	119	0.22	1.08	2.22
4 月 30 日	120	0.29	0.95	2.06
5 月 1 日	121	0.37	0.70	1.03
5 月 2 日	122	0.26	0.68	1.06
5 月 3 日	123	0.12	0.89	1.37
5 月 4 日	124	0.21	0.91	1.19
5 月 5 日	125	0.26	0.69	1.73
5 月 6 日	126	0.30	0.88	2.82
5 月 7 日	127	0.15	1.17	1.87
5 月 8 日	128	0.14	0.80	1.44
5 月 9 日	129	0.22	0.80	1.73
5 月 10 日	130	0.19	0.64	1.45
5 月 11 日	131	0.25	0.82	1.54
5 月 12 日	132	0.20	0.46	1.88
5 月 13 日	133	0.20	1.19	2.19
5 月 14 日	134	0.17	0.93	2.13
5 月 15 日	135	0.16	1.13	1.44
5 月 16 日	136	0.25	0.76	1.65
5 月 17 日	137	0.33	0.73	1.26
5 月 18 日	138	0.19	0.78	1.71
5 月 19 日	139	0.25	1.00	1.49
5 月 20 日	140	0.29	0.89	2.26
5 月 21 日	141	0.29	0.83	2.79
5 月 22 日	142	0.16	0.97	2.02

时间	年积日	PPP/ns	相位平滑伪距/ns	实时/ns
5月23日	143	0.23	1.03	2.08
5月24日	144	0.28	0.82	1.56
5月25日	145	0.22	0.80	0.96
5月26日	146	0.14	0.87	1.04
5月27日	147	0.24	0.93	1.44
5月28日	148	0.27	0.91	2.10
5月29日	149	0.19	0.99	1.44
5月30日	150	0.19	1.15	1.60
5月31日	151	0.30	1.13	1.76
6月1日	152	0.27	1.03	2.05
6月2日	153	0.18	1.12	1.49
6月3日	154	0.20	1.17	1.23
6月4日	155	0.21	0.85	1.54
6月5日	156	0.33	0.79	1.49
6月6日	157	0.14	1.24	2.58
6月7日	158	0.26	1.39	1.65
6月8日	159	0.23	1.13	1.96
6月9日	160	0.18	1.18	1.83
6月10日	161	0.19	1.13	1.65
6月11日	162	0.19	1.11	2.29
6月12日	163	0.33	0.96	1.18
6月13日	164	0.21	2.76	1.01
平均精度		0.22	0.96	1.69

从图 6.12 和表 6.2 中可以看出,利用 PPP 方法获取的 GLONASST/BDT 时差的精度为 0.22 ns,比另外两种方法的结果好很多。实时相位平滑伪距方法获取的时差精度为 0.96 ns,而实时伪距处理方法的精度为 1.69 ns。

6.3.3 GLONASST/GPST 系统时差监测

将实时得到的 GPST/BDT 和 GLONASST/BDT 时差结果相减,就可得到 GLONASST/GPST 系统时差。表 6.3 给出了每天时差取均值得到的 GLONASST/GPST 系统时差。为了进行验证,将每天的结果与 BIPM 公布的最终结果及广播星历(BRDC)中公布的 GLONASST/GPST 时差进行比较。

表 6.3　GLONASST/GPST 时差比较("实时"为本项目处理的实时结果)

时间	年积日	BIPM/ns	实时/ns	BRDC/ns
4 月 21 日	111	171.8	186.21	180.42
4 月 22 日	112	170.8	187.16	186.05
4 月 23 日	113	172.8	188.11	179.49
4 月 24 日	114	173.6	187.49	179.49
4 月 25 日	115	173.9	187.04	181.88
4 月 26 日	116	173.4	184.83	184.68
4 月 27 日	117	171.3	184.06	184.68
4 月 28 日	118	169.2	185.43	186.54
4 月 29 日	119	168.6	186.30	181.88
4 月 30 日	120	170.6	187.41	184.61
5 月 1 日	121	173.8	188.29	181.81
5 月 2 日	122	176.7	188.24	181.81
5 月 3 日	123	178.2	190.10	181.81
5 月 4 日	124	177.8	190.66	183.68
5 月 5 日	125	177.6	192.08	180.61
5 月 6 日	126	179.1	193.24	177.82
5 月 7 日	127	179.1	193.64	179.68
5 月 8 日	128	175.9	192.1	179.68
5 月 9 日	129	174.1	192.25	175.03
5 月 10 日	130	172.4	192.26	182.71
5 月 11 日	131	172.1	195.27	178.98
5 月 12 日	132	173.2	195.23	178.05
5 月 13 日	133	173.8	193.89	178.33
5 月 14 日	134	178.1	199.78	182.71
5 月 15 日	135	185.7	200.95	178.88
5 月 16 日	136	185.7	197.59	178.88
5 月 17 日	137	180.7	197.09	178.88

时间	年积日	BIPM/ns	实时/ns	BRDC/ns
5月18日	138	180.5	196.15	182.61
5月19日	139	181.5	194.23	187.26
5月20日	140	178.0	192.31	189.99
5月21日	141	175.4	191.73	196.05
5月22日	142	172.6	189.18	198.88
5月23日	143	171.5	191.43	201.17
5月24日	144	179.3	203.62	206.29
5月25日	145	187	202.82	208.42
5月26日	146	186.8	201.98	225.19
5月27日	147	185.9	201.48	219.6

表6.3 中,不同渠道给出的时差结果存在一定的固定偏差,为了便于比较,将实时结果及广播星历的结果与 BIPM 发布的结果作比较。图6.13 和表6.4 给出了去掉均值后的差值及其精度统计。

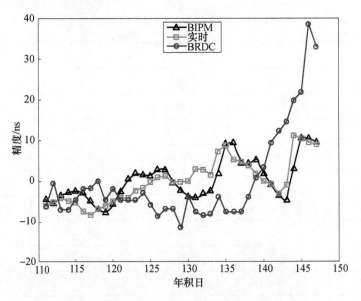

图6.13　GLONASST/GPST 时差监测结果比较(均值化后)

表 6.4　GLONASST/GPST 时差比较（以 BIPM 为准）

时间	实时/ns	BRDC/ns	时间	实时/ns	BRDC/ns
4 月 21 日	− 1.62	− 1.54	5 月 10 日	3.83	0.15
4 月 22 日	0.33	5.09	5 月 11 日	7.14	− 3.28
4 月 23 日	− 0.72	− 3.47	5 月 12 日	6.00	− 5.31
4 月 24 日	− 2.14	− 4.27	5 月 13 日	4.06	− 5.63
4 月 25 日	− 2.89	− 2.18	5 月 14 日	5.65	− 5.55
4 月 26 日	− 4.60	1.12	5 月 15 日	− 0.78	− 16.98
4 月 27 日	− 3.27	3.22	5 月 16 日	− 4.14	− 16.98
4 月 28 日	0.20	7.18	5 月 17 日	0.36	− 11.98
4 月 29 日	1.67	3.12	5 月 18 日	− 0.38	− 8.05
4 月 30 日	0.78	3.85	5 月 19 日	− 3.30	− 4.40
5 月 1 日	− 1.54	− 2.15	5 月 20 日	− 1.72	1.83
5 月 2 日	− 4.49	− 5.05	5 月 21 日	0.30	10.49
5 月 3 日	− 4.13	− 6.55	5 月 22 日	0.55	16.12
5 月 4 日	− 3.17	− 4.28	5 月 23 日	3.90	19.51
5 月 5 日	− 1.55	− 7.15	5 月 24 日	8.29	16.83
5 月 6 日	− 1.89	− 11.44	5 月 25 日	− 0.21	11.26
5 月 7 日	− 1.49	− 9.58	5 月 26 日	− 0.85	28.23
5 月 8 日	0.17	− 6.38	5 月 27 日	− 0.45	23.54
5 月 9 日	2.12	− 9.23	标准差	3.23	10.62

从表 6.4 可以看出，实时计算的 GLONASST/GPST 时差结果与 BIPM 公布的结果一致性较好，精度为 3.23 ns，证明了本计算结果的可信度。而基于广播星历直接给出的 GLONASST/GPST 时差与 BIPM 结果的差异较大，标准偏差为 10.62 ns，这表明广播星历中的时差存在很大的预报误差。

§6.4　导航系统时差预报结果

得到 GNSS 时差监测结果后，采用研制的时差预报软件对时差进行预报。将预报结果与实际监测结果进行比较，即可获取时差预报的精度。

6.4.1　GPST/BDT 系统时差预报

对获取的 GNSS 时差预报一天，并与实际监测结果进行比较，计算时差测量预报一天的精度。图 6.14（详见文后彩图）和表 6.5 给出了利用 GPST/BDT 的三种时差监测结果预报一天的精度统计结果。

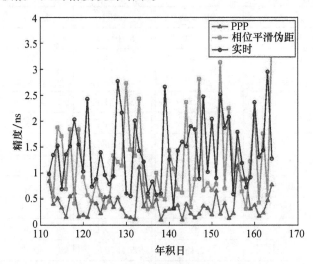

图 6.14　GPST/BDT 时差预报精度统计结果

表 6.5　GPST/BDT 时差预报精度统计结果

时间	年积日	PPP/ns	相位平滑伪距/ns	实时/ns
4 月 22 日	112	0.84	0.99	0.98
4 月 23 日	113	0.40	0.54	1.35
4 月 24 日	114	0.51	1.88	1.53
4 月 25 日	115	0.33	1.71	0.69
4 月 26 日	116	0.15	0.69	1.36
4 月 27 日	117	0.55	1.84	1.52
4 月 28 日	118	0.62	0.41	2.03
4 月 29 日	119	0.16	1.84	1.55
4 月 30 日	120	0.19	0.92	1.03
5 月 1 日	121	0.15	0.57	2.43
5 月 2 日	122	0.45	0.45	0.74
5 月 3 日	123	0.41	0.83	0.88
5 月 4 日	124	0.22	0.57	1.40
5 月 5 日	125	0.53	0.33	0.96
5 月 6 日	126	0.55	0.45	0.79
5 月 7 日	127	0.34	1.34	0.94

续表

时间	年积日	PPP/ns	相位平滑伪距/ns	实时/ns
5 月 8 日	128	0.52	1.21	2.77
5 月 9 日	129	0.30	1.14	2.16
5 月 10 日	130	0.16	2.73	0.61
5 月 11 日	131	0.14	1.45	0.56
5 月 12 日	132	0.11	1.34	2.01
5 月 13 日	133	1.11	2.43	1.43
5 月 14 日	134	0.35	0.78	1.22
5 月 15 日	135	0.55	0.30	0.61
5 月 16 日	136	0.35	0.35	0.83
5 月 17 日	137	0.49	1.00	0.58
5 月 18 日	138	0.10	0.56	0.61
5 月 19 日	139	0.27	0.49	2.66
5 月 20 日	140	0.30	1.43	1.26
5 月 21 日	141	0.31	1.08	0.32
5 月 22 日	142	0.38	0.68	1.43
5 月 23 日	143	0.10	0.62	1.60
5 月 24 日	144	0.40	2.36	1.52
5 月 25 日	145	0.22	0.34	1.90
5 月 26 日	146	0.14	0.88	1.84
5 月 27 日	147	0.21	2.81	0.89
5 月 28 日	148	0.36	0.66	2.47
5 月 29 日	149	0.32	0.80	1.02
5 月 30 日	150	0.20	0.67	2.04
5 月 31 日	151	0.65	0.78	0.90
6 月 1 日	152	0.21	3.13	2.51
6 月 2 日	153	0.41	0.70	1.87
6 月 3 日	154	0.13	2.24	2.08
6 月 4 日	155	0.22	1.04	0.59
6 月 5 日	156	1.14	1.45	1.79

续表

时间	年积日	PPP/ns	相位平滑伪距/ns	实时/ns
6月6日	157	0.87	0.64	1.19
6月7日	158	0.88	0.31	0.72
6月8日	159	0.31	1.23	0.92
6月9日	160	0.38	2.12	2.36
6月10日	161	0.17	0.43	1.31
6月11日	162	0.23	1.76	1.44
6月12日	163	0.47	0.57	2.95
6月13日	164	0.77	3.56	1.28
平均精度		0.39	1.15	1.37

从图 6.14 和表 6.5 中可以看出，对 PPP 得到的 GPST/BDT 时差结果进行预报，其精度仍然非常高，预报结果平均精度为 0.39 ns。而相位平滑伪距稍差些，均值约为 1.15 ns。基于实时伪距观测时差预报的精度为 1.37 ns。

6.4.2　GLONASST/BDT 系统时差预报

同理可以得到 GLONASST/BDT 的时差预报精度，图 6.15（详见文后彩图）和表 6.6 给出了利用 GLONASST/BDT 的时差监测结果预报一天的精度统计结果。

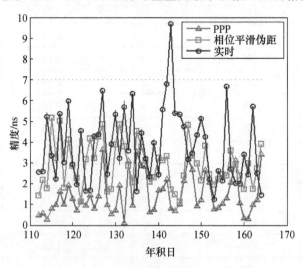

图 6.15　GLONASS 时差预报精度统计结果

表6.6 GLONASS 时差预报精度统计结果

时间	年积日	PPP/ns	相位平滑伪距/ns	实时/ns
4月22日	112	0.47	1.43	2.56
4月23日	113	0.58	2.19	2.58
4月24日	114	0.29	1.77	5.21
4月25日	115	0.80	5.16	3.35
4月26日	116	0.99	3.22	2.25
4月27日	117	1.63	5.01	5.37
4月28日	118	1.01	1.81	3.03
4月29日	119	1.91	4.12	5.97
4月30日	120	1.28	2.85	2.94
5月1日	121	0.71	2.26	1.97
5月2日	122	1.12	1.14	4.54
5月3日	123	0.95	3.18	1.65
5月4日	124	1.44	4.17	1.69
5月5日	125	0.81	3.24	4.27
5月6日	126	1.39	4.25	4.37
5月7日	127	3.63	4.83	6.48
5月8日	128	0.99	1.61	2.47
5月9日	129	0.53	1.73	3.89
5月10日	130	0.73	3.86	5.33
5月11日	131	1.91	4.83	3.22
5月12日	132	0.09	3.78	5.70
5月13日	133	3.09	2.86	3.57
5月14日	134	0.94	2.05	6.32
5月15日	135	3.53	4.51	1.62
5月16日	136	2.86	3.76	4.43
5月17日	137	2.82	3.11	3.19
5月18日	138	0.62	2.09	2.36
5月19日	139	0.75	2.29	3.95
5月20日	140	1.67	3.24	2.43
5月21日	141	1.73	3.10	5.56
5月22日	142	2.21	3.33	6.79
5月23日	143	0.80	1.72	9.69

续表

时间	年积日	PPP/ns	相位平滑伪距/ns	实时/ns
5 月 24 日	144	0.69	1.48	5.39
5 月 25 日	145	1.02	1.12	5.35
5 月 26 日	146	2.16	2.39	4.75
5 月 27 日	147	3.21	4.81	3.17
5 月 28 日	148	2.68	3.34	3.47
5 月 29 日	149	0.92	2.98	4.34
5 月 30 日	150	1.22	2.14	5.13
5 月 31 日	151	2.66	3.83	4.24
6 月 1 日	152	2.07	2.43	2.22
6 月 2 日	153	0.78	1.94	1.23
6 月 3 日	154	0.82	2.22	2.61
6 月 4 日	155	1.03	2.44	2.14
6 月 5 日	156	1.29	2.37	6.67
6 月 6 日	157	2.07	3.59	2.71
6 月 7 日	158	3.11	2.92	2.03
6 月 8 日	159	1.08	2.38	1.99
6 月 9 日	160	0.35	1.73	3.42
6 月 10 日	161	0.32	2.96	2.44
6 月 11 日	162	0.98	1.73	5.73
6 月 12 日	163	1.20	2.73	2.51
6 月 13 日	164	3.40	3.91	1.46
平均精度		1.46	2.90	3.81

从表 6.6 中可以看出,GLONASST/BDT 时差预报结果的精度比 GPST/BDT 的预报稍差些,这是由于 GLONASST/BDT 的时差监测精度较差造成的。其中 PPP 结果的预报精度均值为 1.46 ns,相位平滑伪距的均值为 2.90 ns,实时结果的均值为 3.81 ns。基于实时伪距的时差预报在 5 月 23 日的预报时差精度为 9.69 ns。造成这一天预报指标超标的原因是由于 5 月 23 日到 5 月 24 日 GLONASS 系统时间存在跳变,时差的变化趋势前后不一致造成的。

§6.5　时差测量稳定度分析

为了考察 GNSS 时差结果与原子钟的关系,对其稳定度进行分析,可使用阿伦方差计算稳定度。

从时差计算结果可以看到,GPST/BDT 时差在 6 月 4 日存在一个拐点,因此在稳定度统计中,分别采用两个样本。对采用 PPP 方式获得的连续 31 天(2013 年 4 月 21 日至 2013 年 5 月 20 日)和 54 天(2013 年 4 月 21 日至 2013 年 6 月 13 日)的 GPST/BDT 系统时差结果,计算其重叠阿伦方差,结果如图 6.16 和图 6.17 所示。

从图 6.16 可以看出,采用连续 31 天数据 GPST/BDT 时差的千秒稳约为 8.5×10^{-14}、万秒稳约为 1.5×10^{-14},天稳约为 7.1×10^{-15}。而从图 6.17 可以看出,采用连续 54 天数据 GPST/BDT 时差的千秒稳约为 1.3×10^{-13}、万秒稳约为 3.4×10^{-13}、天稳约为 1.3×10^{-14}。

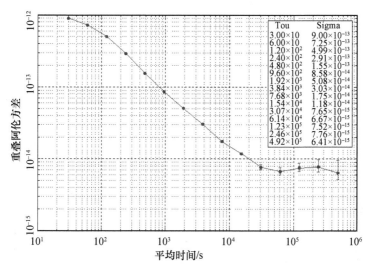

图 6.16　GPST/BDT 时差稳定度(2013 年 4 月 21 日至 2013 年 5 月 20 日)

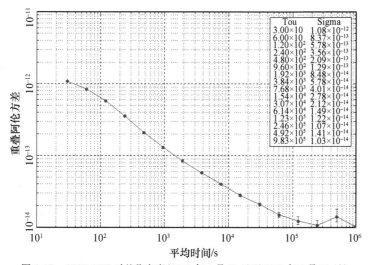

图 6.17　GPST/BDT 时差稳定度(2013 年 4 月 21 日至 2013 年 6 月 13 日)

同理,也可以得到 GLONASST/BDT 的时差结果,其稳定度如图 6.18 和图 6.19 所示。

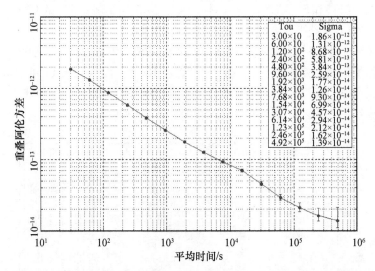

图 6.18　GLONASST/BDT 时差稳定度(2013 年 4 月 21 日至 2013 年 5 月 20 日)

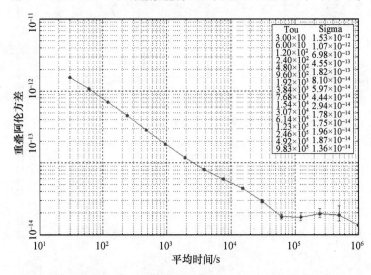

图 6.19　GLONASST/BDT 时差稳定度(2013 年 4 月 21 日至 2013 年 6 月 13 日)

从图 6.18 中可以看出,GLONASST/BDT 时差的千秒稳约为 2.5×10^{-13}、万秒稳约为 8.1×10^{-13}、天稳约为 2.6×10^{-14}。从图 6.19 中可以看出,GLONASST/BDT 时差的千秒稳约为 1.8×10^{-13}、万秒稳约为 5.1×10^{-14}、天稳约为 1.7×10^{-14}。

§6.6　时差测量结果总结

本次测试采用 PPP、相位平滑伪距、实时伪距测量的方式,对 54 天连续观测数据进行 GNSS 时差计算和预报,得到了 GPST/BDT、GLONASST/BDT 及 GLONASST/GPST 的时差监测结果,并采用改进的周期项预报模型,对 GNSS 时差进行预报。GPST/BDT、GLONASST/BDT 一天的监测精度统计如表 6.7 所示。

表 6.7　时差监测精度统计

	PPP/ns	相位平滑伪距/ns	实时/ns
GPST/BDT	0.08	0.25	0.53
GLONASST/BDT	0.22	0.96	1.69

GPST/BDT、GLONASST /BDT 预报一天的精度统计如表 6.8 所示。

表 6.8　时差预报精度统计

	PPP/ns	相位平滑伪距/ns	实时/ns
GPST/BDT	0.39	1.15	1.37
GLONASST/BDT	1.46	2.90	3.81

采用 31 天连续时差数据获取稳定度统计如表 6.9 所示 。

表 6.9　时差稳定度统计

	千秒稳	万秒稳	天稳
GPST/BDT	8.5×10^{-14}	1.5×10^{-14}	7.1×10^{-15}
GLONASST/BDT	2.5×10^{-13}	8.1×10^{-13}	2.6×10^{-14}

采用 54 天连续时差数据获取稳定度统计如表 6.10 所示。

表 6.10　时差稳定度统计

	千秒稳	万秒稳	天稳
GPST/BDT	1.3×10^{-13}	3.4×10^{-13}	1.3×10^{-14}
GLONASST/BDT	1.8×10^{-13}	5.1×10^{-14}	1.7×10^{-14}

参考文献

阿里根,2009. 关于 GPS 卫星定位系统误差的来源及影响[J]. 湖北科技学院学报(s1):91-92.

陈金平,王梦丽,钱曙光,2011. 现代化 GNSS 导航电文设计分析[J]. 电子与信息学报,33(1):211-217.

陈南,杨力,丁群,2008. Galileo 开放服务导航电文特点分析[J]. 测绘科学技术学报,25(5):329-331.

陈南,2008. 卫星导航系统导航电文结构的性能评估[J]. 武汉大学学报(信息科学版),33(5):512-515.

陈宪冬,2008. 基于大地型时频传递接收机的精密时间传递算法研究[J]. 武汉大学学报(信息科学版),33(3):245-248.

邓聚龙,1987. 灰色系统基本方法[M]. 武汉:华中工学院出版社.

邓自立,毛琳,高媛,2004. 多传感器最优信息融合稳态 Kalman 滤波器[J]. 科学技术与工程,4(9):743-748.

邓自立,2007. 信息融合滤波理论及其应用[M]. 哈尔滨:哈尔滨工业大学出版社.

范士杰,孔祥元,2007. 基于 Hatch 滤波的 GPS 伪距相位平滑及其在单点定位中的应用[J]. 勘察科学技术(4):40-42.

冯义楷,刘焱雄,单瑞,等,2010. GPS 精密卫星钟差的计算模型研究[J]. 大地测量与地球动力学,30(2):109-112.

付梦印,邓志红,闫莉萍,2010. Kalman 滤波理论及其在导航系统中的应用[M]. 北京:科学出版社.

高书亮,杨东凯,洪晟,2007. Galileo 系统导航电文介绍[J]. 全球定位系统,32(4):21-25.

葛茂荣,刘经南,1996. GPS 定位中对流层折射估计研究[J]. 测绘学报3(4):285-291.

葛茂荣,刘经南,1999. GPS 卫星精密星历的实时确定[J]. 武汉大学学报(信息科学版),24(1):32-35.

郭海荣,2006. 导航卫星原子钟时频特性分析理论与方法研究[D]. 郑州:解放军信息工程大学.

韩保民,欧吉坤,2003. 基于 GPS 非差观测值进行精密单点定位研究[J]. 武汉大学学报(信息科学版),28(4):409-412.

韩春好,刘利,赵金贤,2009. 伪距测量的概念、定义与精度评估方法[J]. 宇航学报,30(6):2421-2425.

胡来招,2004. 无源定位[M]. 北京:国防工业出版社.

黄连英,2012. GPS 相对定位的数学模型及测量线性组合的相关性研究[J]. 新余学院学报,17(6):66-69.

黄远成,2007. 单频 GPS 接收机电离层延迟改正[J]. 涟钢科技与管理(3):33-35.

李滚,2007. GPS 载波相位时间频率传递研究[D]. 西安:中国科学院国家授时中心.

李征航,黄劲松,2005. GPS 测量与数据处理[M]. 武汉:武汉大学出版社.

李志刚,李焕信,张虹,2001. 卫星双向法时间比对的归算[C]// 全国时间频率学术报告会:422-431.

李志刚,李焕信,张虹,2002. 双通道终端进行卫星双向法时间比对的归算方法[J]. 时间频率学报,25(2):81-89.

刘凤霞,2008. 如何消除和减弱各项影响 GPS 测量精度的误差[C]// 吉林省测绘学会 2008 年学术年会论文集(下).

刘刚,赵国庆,2006. 时差定位与两种测时差方法[J]. 电子对抗(2):21-25.

刘根友,朱才连,任超,2001. GPS 相位与伪距联合实时定位算法[J]. 测绘通报(10):10-11.

刘基余,1994. GPS 动态载波相位测量定位[J]. 导航(3):52-63.

刘经南,陈俊勇,1999. 广域差分 GPS 原理和方法[M]. 北京:测绘出版社.

刘利,韩春好,朱陵凤,等,2009. 基于伪距测量的钟差计算模型[J]. 时间频率学报,32(1):36-42.

刘利,时鑫,栗靖,等,2015. 北斗基本导航电文定义与使用方法[J]. 中国科学:物理学力学天文学,45(7):51-55.

刘利,2004. 相对论时间比对理论与高精度时间同步技术[D]. 郑州:解放军信息工程大学.

刘琪,张学军,朱衍波,2006. GPS 三频信息改正电离层折射误差高阶项的方法[J]. 导航(3):41-46.

刘琪,张学军,2006. 三频 GPS 改正电离层折射误差高阶项的方法[J]. 航空电子技术,37(3):13-15.

刘焱雄,彭琳,周兴华,等,2005. 网解和 PPP 解的等价性[J]. 武汉大学学报(信息科学版),30(8):736-738.

龙文彦,王解先,2002. 关于广播星历轨道误差的探讨[J]. 测绘工程,9(2):37-39.

陆光华,2002. 随机信号处理[M]. 西安:西安电子科技大学出版社.

马登庆,杨占英,刘成贵,2008. GPS 测量的误差源分析[J]. 黄金科学技术,16(5):41-43.

聂桂根,2002. 高精度 GPS 测时与时间传递的误差分析及应用研究[D]. 武汉:武汉大学.

潘继飞,姜秋喜,毕大平,2006. 基于内插采样技术的高精度时间间隔测量方法[J]. 系统工程与电子技术,28(11):1633-1636.

秦显平,杨元喜,焦文海,等,2004. 利用 SLR 和伪距资料确定导航卫星钟差[J]. 测绘学报,33(3):205-209.

阮仁桂,郝金明,刘勇,2010. 正反向 Kalman 滤波用于动态精密单点定位参数估计[J]. 武汉大学学报(信息科学版),35(3):279-282.

唐卫明,刘智敏,2005. GPS 载波相位平滑伪距精度分析与应用探讨[J]. 测绘地理信息,30(3):37-39.

王继刚,2010. 基于 GPS 精密单点定位的时间比对与钟差预报研究[D]. 北京:中国科学院研究生院.

王军,2008. GNSS 区域电离层 TEC 监测及应用[D]. 北京:中国测绘科学研究院.

王仁谦,朱建军,2004. 利用双频载波相位观测值求差的方法探测与修复周跳[J]. 测绘通报(6):9-11.

魏子卿,1998. GPS 相对定位的数学模型[M]. 北京:测绘出版社.

武文俊,2013. 卫星双向时间频率传递的误差研究[J]. 天文学报,54(4):403-404.

向淑兰,何晓薇,牟奇锋,2008. GPS 电离层延迟 Klobuchar 与 IRI 模型研究[J]. 微计算机信息,24(16):200-202.

谢钢,2009. GPS 原理与接收机设计[M]. 北京:电子工业出版社.

徐全智,2013. 随机过程及应用[M]. 北京:高等教育出版社.

徐文耀,2006. 地磁与空间物理资料的组织和相关坐标系[J]. 地球物理学进展,21(4):1043-1060.

许春明.2002. GPS 动态载波相位测量定位技术研究[D]. 哈尔滨:哈尔滨工程大学.

许其凤,2001. 空间大地测量学[M]. 北京:解放军出版社.

杨雪菲,2013. 基于信号模型的时差估计方法[D]. 成都:电子科技大学.

杨永平,2005. GPS 相位平滑伪距差分定位技术的研究及应用[D]. 南京:河海大学.

袁林果,黄丁发,丁晓利,等,2004. GPS 载波相位测量中的信号多路径效应影响研究[J]. 测绘学报,33(3):210-215.

袁运斌,2002. 基于 GPS 的电离层监测及延迟改正理论与方法的研究[D]. 武汉:中国科学院研究生院(测量与地球物理研究所).

赵胜,魏亮,段召亮,2008. GNSS 接收机的伪距平滑技术研究[C]//全国遥感遥测遥控学术研讨会.

周渭,王海,2003. 时频测控技术的发展[J]. 时间频率学报,26(2):87-95.

张颢,1995. 时差测向定位综述[J]. 无线电工程(5):1-14.

张小红,李征航,蔡昌盛,2001. 用双频 GPS 观测值建立小区域电离层延迟模型研究[J]. 武汉大学学报(信息科学版),26(2):140-143.

张志良,孙棣华,张星霞,2006. TDOA 定位中到达时间及时间差误差的统计模型[J]. 重庆大学学报(自然科学版),29(1):85-88.

朱祥维,孙广富,雍少为,等,2008. 利用相位估计算法实现 ps 量级的高精度时间间隔测量[J]. 仪器仪表学报,29(12):2626-2631.

ALLAN D W. 1966. Statistics of atomic frequency standards[J]. IEEE Proceedings,54(2):221-230.

ALLAN D W,1987. Time and frequency (time-domain)characterization, estimation, and prediction of precision clocks and oscillators [J]. IEEE Transactions on Ultrasonics, Ferroelectrics and Frequency Control,34(6): 647-654.

ARBESSER-RASTBURG B,2006. The Galileo single frequency ionospheric correction algorithm [C]//European Space Weather Week.

BLEWITT G,1990. An automatic editing algorithm for GPS data[J]. Geophysical Research Letters,17(3):199-202.

CHEN J,WU B,Hu X,et al,2012. SHA: the GNSS analysis center at SHAO[C]//Lecture Notes in Electrical Engineering, 160(2):213-221.

DONG D, WANG M, CHEN W,et al,2016. Mitigation of multipath effect in GNSS short baseline positioning by the multipath hemispherical map[J]. Journal of Geodesy,90(3):255-262.

GOTTA M, GRAGLIA G, FALCONE M,et al,2004. Clock model for GSTB VI clock prediction performance assessment experimentation[C]//2004 Proceedings of the 18th European Frequency and Time Forum,496-501.

HACKMAN C, MATSAKIS D,2010. Accuracy and precision of USNO GPS carrier-phase time transfer[J]. Frequency Control & the European Freqnency & Time Forum,39(6):1-6.

HOFMANN-WELLENHOF B,LICHTENEGGER H,COLLINS J,2000. Global positioning system:theory and practice [M]. New York:Springer-Verlag.

HOWE D A, BEARD R L, GREENHALL C A,et al,2005. Enhancements to GPS operations and clock evaluations using a "total" Hadamard deviation[J]. IEEE Transactions on Ultrasonics Ferroelectrics & Frequency Control, 52 (8): 1253-1261.

LAHAYE F,CERRETTO G, TAVELLA P,2011. GNSS geodetic techniques for time and frequency transfer applications[J]. Advances in Space Research,47(2):253-264.

LEWANDOWSKI W,AZOUBIB J. 2000. Time transfer and TAI[C]//IEEE International Frequency Control Symposium.

MANNUCCI A J, WILSON B D, YUAN D N, et al,1998. A global mapping technique for GPS-derived ionospheric total electron content measurements[J]. Radio Science,33(33):565-582.

PAGIATAKIS S D,2000. Application of the least-squares spectral analysis to superconducting gravimeter data treatment and analysis[J]. Cahiers du Centre European de Geodynamique et Seismologie(17):103-113.

SENIOR K L,RAY J R,BEARD R L,2008. Characterization of periodic variations in the GPS satellite clocks[J]. GPS Solutions(12):211-225.

VANÍČEK P,1971. Further development and properties of the spectral analysis by least-squares[J]. Astrophysics and Space Science(12): 10-33.

WANNINGER L. 2012,Carrier-phase inter-frequency biases of GLONASS receivers[J]. Journal of Geodesy,86(2):139-148.

ZUMBERGE J F, HEFLIN M B, JEFFERSON D C, et al,1997. Precise point positioning for the efficient and robust analysis of GPS data from large networks[J]. Journal of Geophysical Research:Solid Earth(1978-2012), 102 (B3):5005-5017.